Illustrierte

# SCHMETTERLINGE-ENZYKLOPÄDIE

Wijbren Landman

# Illustrierte
# SCHMETTERLINGE
# ENZYKLOPÄDIE

DÖRFLER · VERLAG

Autorin: Wijbren Landman
Übersetzung: Dr. rer. nat. Monika Niehaus



Im Internet finden Sie unser Verlagsprogramm unter:
www.doerfler-verlag.de

# Inhaltsverzeichnis

Argema mittrei

# Einleitung

## Was ist ein Schmetterling?

Schmetterlinge nehmen in der Insektenwelt einen ganz besonderen Platz ein. Bezeichnungen wie „fliegende Blumen“ oder „fliegende Edelsteine“ machen deutlich, dass sie als wunderschön und faszinierend gelten. In vielen Kulturen beschränkt sich der Einfluss der Schmetterlinge nicht auf die irdische Existenz. Bei den alten Griechen beispielsweise bedeutete das Wort „Psyche“ sowohl „Schmetterling“ als auch „Seele“; sie glaubten, dass die Seele, wenn sie den Körper eines Verstorbenen verlässt, wie ein Schmetterling zum Himmel fliegt. Auch heute noch sind Schmetterlinge viel beliebter als andere Insektengruppen. Erstens findet fast jeder Mensch Schmetterlinge ästhetisch. Sie sind wundervoll gefärbt und schweben anmutig von Blüte zu Blüte. Sie beißen nicht und sie stechen nicht – und sie wären auch gar nicht in der Lage dazu, weil ihnen die nötigen Mundwerkzeuge fehlen. Das gilt für andere Insekten sicherlich nicht. Denken Sie nur an Wanzen, Käfer, Heuschrecken oder Mücken. Im Vergleich zu diesen Geschöpfen ist der Schmetterling ein wahres Sinnbild der Unschuld.

Anterica rabena, *Raupe*

Graphium weiski

*Vogelspinne*

### *Die Insekten*

Die Insekten gehören zum größten Stamm im Tierreich, zu den Gliederfüßern (Arthropoda). Die Crustaceen oder Krebstiere (Hummer, Krabben und Asseln), die Arachniden oder Spinnentiere (Spinnen, Skorpione, Milben und Weberknechte) und die hundertfüßerartigen Insekten (Hundertfüßer und Tausendfüßer) fallen ebenfalls in diese Gruppe. Die Insekten bilden die größte und abwechslungsreichste Gruppe nicht nur innerhalb dieses so vielgestaltigen Stammes, sondern im ganzen Tierreich. Nicht weniger als 70 Prozent der über eine Million beschriebenen Tierarten sind Insekten. All diese in der Regel kleinen Tiere haben einige Hauptmerkmale gemeinsam: sechs Beine, ein Paar Antennen und einen in drei Abschnitte – Kopf, Brustteil und Hinterleib – gegliederten Körper. Insekten werden vorwiegend

Greta oto, *Schmetterling*

Ephippiger, *Sattelschrecke*

anhand von Flügelmerkmalen in 30 so genannte Ordnungen eingeteilt. Zu diesen Ordnungen gehören unter anderem die Coleoptera (Käfer), die Hymenoptera (Hautflügler, wie Bienen, Wespen und Ameisen), die Orthoptera (Geradflügler, wie Heuschrecken und Grillen) und die Lepidoptera (Tag- und Nachtschmetterlinge).

## *Schmetterlinge*

Die Schmetterlinge bilden die Ordnung Le-

Lepidoptera

*Bockkäfer*

Siproeta epaphus

*Langfühlerige Motte*

pidoptera, nach den Käfern die artenreichste im Insektenreich. Bisher sind nicht weniger als 16.000 Schmetterlingsarten beschrieben worden. Diese Enzyklopädie stellt Ihnen eine repräsentative Auswahl aus dieser Artenfülle vor. Um den Überblick nicht zu verlieren, ist es wichtig, ein gutes System zu haben, um all diese Schmetterlinge zu klassifizieren. Im biologischen System wird eine Ordnung in Familien unterteilt, eine Familie in Gattungen und eine Gattung in Arten. Dieselbe Klassifikation wird auch in dieser Enzyklopädie verwendet. Die Lepidoptera wurden anhand ihrer Antennen oder Fühler stets in Tag- und Nachtschmetterlinge unterschieden. Schmetterlinge mit fadenförmigen Antennen, die in einer kleinen Keule enden, sind Tagschmetterlinge. Schmetterlinge mit anders geformten Antennen, beispielsweise kammförmigen oder gefiederten, werden zu den Nachtschmetterlingen oder Motten gerechnet. Die meisten Tagschmetterlinge sind leuchtend bunt gefärbt und tagsüber aktiv, während Nachtschmetterlinge unauffällig dunkel gefärbt und nachtaktiv sind. Das ist jedoch eine Regel mit vielen Ausnahmen.

Automeris aurantiaca *aus Argentinien*

*Raupe von* Papilio aegeus

# 1 Körperbau

Der Körper einer Raupe besteht wie der eines jeden Insekts aus Kopf, Brustteil (Thorax) und Hinterleib (Abdomen). Eine Raupe ist hauptsächlich eine Fressmaschine und recht einfach gebaut. Tatsächlich besteht sie aus nicht viel mehr als einem Kopf, an den sich 13 Segmente anschließen. Das auffälligste Merkmal am Kopf sind die großen Kie-

*Raupe von* Inachis io, *dem Tagpfauenauge*

Nachtpfauenauge *aus Papua-Neuguinea*

fer. Die Raupe benutzt diese kräftigen Mundwerkzeuge, um in kurzer Zeit möglichst große Mengen an Nahrung zu zerkauen und zu verzehren. Zwischen den Kiefern liegen Drüsen, die ein Sekret produzieren, das sich zu Seide verspinnen lässt. An beiden Seiten der Kiefer finden sich zwei kleine Fühler und eine Reihe einfach gebauter Augen, so ge-

*Nahaufnahme eines Schmetterlingskopfes*

nannte Ocellen. An jedem der ersten drei Segmente (den Thoraxsegmenten) sitzt ein Paar echter Beine; sie dienen mehr zum Festhalten der Nahrung als zur Fortbewegung. Die so genannten Bauchfüße finden sich an den Segmenten 6 bis 9, während das letzte Segment ein Paar großer Nachschieber trägt. Mit diesen Beinen, die mit kleinen Haken ausgestattet sind, kann sich eine Raupe sehr gut fortbewegen und an einer Pflanze festhalten. Auf beiden Seiten eines jeden Segments kann man deutlich eine Öffnung erkennen. Diese Öffnungen führen zu

*Pollen auf dem Saugrüssel eines* Heliconiiden

Saturnica zuleika

einem Röhrensystem, das zum Atemapparat der Raupe gehört. Der Raupenkörper ist entweder nackt oder je nach Art von Haaren, Stacheln, Warzen etc. bedeckt.

Der Körper eines Schmetterlings weist ebenfalls den typischen Insektenbau mit Kopf, Brustteil und Hinterleib auf. Auf dem Kopf findet man einige bemerkenswerte Organe; am auffälligsten sind die beiden Fühler, der Saugrüssel (Proboscis) und die beiden Komplexaugen. Die Fühler rechts und links am Kopf sind nicht nur Gleichgewichts- und

*Die wunderbaren Farben von* Siproeta stelenes

Tastorgane, sondern dienen dem Schmetterling vorwiegend als Geruchsorgan. Mit ihren extrem empfindlichen Fühlern können die Männchen des Kleinen Nachtpfauenauges ein Weibchen ihrer Art aus mehreren Kilometern Entfernung riechen. Sie haben die empfindlichsten Geruchsorgane im ganzen Tierreich. Schmetterlinge verfügen auch über einen Saugrüssel, den sie wie einen Strohhalm gebrauchen, um ihre Nahrung aufzusaugen. Wenn er nicht gebraucht wird, wird er unter dem Kopf aufgerollt. Da Schmetterlinge keine Kiefer haben, mit denen sie kauen oder beißen könnten, sind sie auf flüssige Nahrung angewiesen, die sie mit ihrem Rüssel aufsaugen. Ihre wichtigste Nahrungsquelle ist Blütennektar, doch einige Schmetterlinge trinken auch die Flüssigkeit, die aus faulenden Früchten, toten Tieren oder Dung austritt, oder sie saugen Urin auf. Heliconiiden sammeln manchmal Pollen, der an ihrem Rüssel kleben bleibt, bringen das Eiweiß in diesen Pollen in eine lösliche Form und saugen es auf.
Auf diese Weise können sie auch feste Nahrung zur Ernährung nutzen. Eine derartige Nahrungsaufnahme ist für Schmetterlinge ungewöhnlich. Einige Schmetterlinge haben einen kurzen Rüssel, der nicht einmal 1 cm lang ist, während bei anderen, wie dem Windenschwärmer, 15 cm keine Seltenheit sind. Schmetterlinge, die zu der Familie der Augenspinner gehören, sowie einige andere Nachtschmetterlingsfamilien müssen ohne Rüssel auskommen. Diese Schmetterlinge

Morpho adonis

Morpho portis *mit einem blauschillernden Flügel*

*Eine weiße Form von* Lycaena phlaeas

besuchen keine Blüten und nehmen auch keine Nahrung zu sich; daher leben sie gewöhnlich nicht länger als ein paar Tage. Die Augen eines Schmetterlings sind aus einer großen Zahl kleiner Facetten aufgebaut. Derartige Facetten- oder Komplexaugen sind besonders gut zur Wahrnehmung von Bewegung geeignet, sei es ein sich rasch nähernder Vogel oder ein vorbeifliegender Artgenosse, der ein geeigneter Paarungspartner wäre. Schmetterlingsaugen sind überdies farbtüchtig, wodurch die Tiere Blüten dank ihrer Farbe finden.

## Der Brustteil

Der Brustteil (Thorax) eins Schmetterlings besteht aus drei Abschnitten oder Segmenten. An jedem Segment sitzt ein Beinpaar; das 2. und das 3. Segment tragen zudem je ein Flügelpaar. Im Vergleich zu anderen Insekten haben Schmetterlinge außerordentlich große Flügel. Einige Arten bringen es auf eine Flügelspannweite von 30 cm, beispielsweise der Atlasspinner. Die Flügel von Schmetterlingen sind mit kleinen Schuppen (griechisch *lepis*) bedeckt, von denen sich der wissenschaftliche Name der Ordnung, Lepidoptera, ableitet. Die Schuppen, die wie Dachziegel auf den Flügeln angeordnet sind, sind hohl und enthalten Farbpigmente. Sie verleihen den Schmetterlingen ihre wundervolle Färbung. Die Färbung des Schillerfalters basiert nicht nur auf der Art des Pigments, sondern auch auf der Struktur und Anordnung der Schuppen. Sie sorgen für eine besondere Art der Lichtbrechung, die den Flügeln ihren metallischen Glanz verleiht. Die südamerikanischen Morphofalter liefern dafür ein eindrucksvolles Beispiel; die Flügel der Männchen schillern leuchtend blau.

Schmetterlinge, die zur Familie der Bläulinge gehören, verdanken ihren Namen dem auffälligen Blau ihrer Flügel, und viele Vogelfalterarten haben goldschimmernde Flügel. Da diese Farben durch Lichtbrechung hervorgerufen werden, verblassen sie nicht einmal dann, wenn der Schmetterling tot ist. Das ist jedoch bei Pigmentfarben der Fall, die ausbleichen, wenn sie längere Zeit dem Sonnenlicht ausgesetzt werden. Das sieht man z. B. bei Schmetterlingen in alten Museumssammlungen. Innerhalb einer Art kann die Flügelfärbung stark variieren. Manchmal handelt es sich dabei um geographische Arten; dann tragen alle Individuen in einem bestimmten Gebiet dasselbe Farbmuster, und jedes Gebiet hat Schmetterlinge mit einer eigenen, charakteristischen Musterung. Viele Schmetterlinge weisen auch spezielle Farbvarianten auf. Das können Mutanten sein, denen ein bestimmtes Pigment fehlt, wie Feuerfalter mit weißen statt orangefarbenen Flügeln. Eine ganz besondere Anomalie stellen so genannte Halbseiten-Gynander dar. Dieser Begriff besagt, dass der Schmet-

Papilio dardanus, *halb Männchen, halb Weibchen*

terling halb Männchen, halb Weibchen ist, wobei die Trennungslinie genau entlang der Körperhalbierenden verläuft. Die rechte Hälfte des Insekts hat also ein anderes Geschlecht als die linke. Derartiges kann bei Säugetieren nicht geschehen, weil ihr Geschlecht anders als bei Insekten festgelegt wird. Die Grundlage der Entwicklung eines Halbseiten-Gynanders ist wie bei allen Schmetterlingen eine befruchtete Eizelle. Das kann eine Zelle mit zwei Zellkernen, einem weiblichen und einem männlichen, sein oder eine Zelle mit einem einzelnen Kern, in dem bei einer der ersten Zellteilungen ein Fehler aufgetreten ist. Wenn sich eine solche Zelle zu einem Schmetterling entwickelt, führt eine derartige genetische Anomalie zu einem Halbseiten-Gynander. Solche Schmetterlinge bleiben dem menschlichen Auge verborgen, wenn Männchen und Weibchen dasselbe Farbmuster auf ihren Flügeln tragen. Bei denjenigen Schmetterlingsarten, bei denen beide Geschlechter unterschiedlich gefärbt und gemustert sind, fällt ein solcher Gynander jedoch sofort auf. Bei den Schmetterlingen, die im Tropischen Schmetterlingsgarten des Noorder Dierenpark gezüchtet werden, tritt dieses Phänomen mit einer Häufigkeit von 1 : 90.000 auf.

## *Der Hinterleib*

Der Hinterleib (Abdomen) besteht aus zehn Segmenten, von denen die letzten zwei oder drei zu äußeren Geschlechtsorganen verschmolzen sind. Männchen tragen am Hinterende ein Paar pinzettförmiger Auswüchse, mit denen sie das Weibchen bei der Paarung festhalten. Weibliche Schmetterlinge haben eine Legeröhre (Ovipositor), mit deren Hilfe sie ihre Eier an Pflanzen ablegen. Im Hinterleib der Weibchen sitzen Drüsen, die arttypische Geschlechts-Pheromone absondern, um Männchen anzulocken.

Lexias dirtea, *ein Halbseitengynander*

*Ein* Heliconius *fliegt davon*

# 2 Lebenszyklus

Schmetterlinge gehören zu den geflügelten Insekten. Diese wiederum lassen sich in zwei große Gruppen unterteilen. Die erste Gruppe bilden diejenigen Insekten mit einer unvollständigen Verwandlung (Metamorphose). Die Larven dieser Insekten sehen, sobald sie aus dem Ei geschlüpft sind, bereits wie die erwachsenen (adulten) Insekten aus. Sie sind nur deutlich kleiner und tragen im Larvenstadium noch keine Flügel oder Geschlechtsorgane. Die Larve wächst mit jeder Häutung weiter heran und bekommt bei der letzten Häutung Flügel. Dann ist das Insekt voll ausgewachsen. Ein abgegrenztes Puppenstadium fehlt. Heuschrecken, Wandelnde Blätter und Libellen fallen in diese Gruppe.

Die zweite Gruppe bilden die Insekten mit einer vollständigen Metamorphose. Bei diesen Insekten schlüpft aus dem Ei eine Larve, die dem adulten Stadium des Insekts überhaupt nicht ähnlich sieht. Denken Sie nur an eine Fliegenmade, die sich zur Fliege entwickelt, und natürlich an die Raupe, die zum Schmetterling wird. Eine solche Larve häutet sich mehrere Male und wird jedes Mal größer. Bei der letzten Häutung verpuppt sie sich. In diesem Stadium durchläuft das Insekt die so genannte Metamorphose von der Larve zum geschlechtsreifen, geflügelten Insekt (Imago). Käfer, Wespen, Fliegen und Schmetterlinge gehören zu dieser Insektengruppe. Kurz gesagt, läuft der Lebenszyklus eines Schmetterlings ab wie folgt:

> Schmetterling → Ei → Raupe → Puppe → Schmetterling → Ei etc.

*Eine Laubheuschrecke hat kein Puppenstadium*

Heliconius melpomene, *Raupe*

Heliconius melpomene, *Falter in der Puppe sichtbar*

Heliconius melpomene, *Falter ist gerade geschlüpft*

Heliconius melpomene, *Falter trocknet seine Flügel*

Heliconius melpomene, *Falter*

# Liebe unter Schmetterlingen

Kallima Inachus, *alter Schmetterling*

Schmetterlinge leben nicht lange, die meisten nicht länger als zwei bis drei Wochen. In dieser kurzen Zeit müssen sie für Nachwuchs sorgen. Der erste Schritt dazu besteht natürlich darin, einen geeigneten Geschlcchtspartncr zu finden, um sich mit ihm zu paaren. Das ist für Schmetterlinge nicht einfach. Weltweit gibt es mehr als 160000 Arten, die sich oft sehr ähnlich sehen. Daher haben Schmetterlinge Tricks entwickelt, um sicherzustellen, dass das richtige Männchen und das richtige Weibchen zueinander finden.

Weibliche Nachtschmetterlinge hocken auf einer Pflanze oder an einem anderen strategisch günstigen Ort und setzen einen Geruchsstoff frei, mit dem sie Männchen aus nah und fern herbeilocken. Solche Sexuallockstoffe werden als Pheromone bezeichnet. Pheromone sind arttypisch, d. h. sie wirken nur zwischen Artgenossen. Jede Schmetterlingsart hat ihren eigenen charakteristischen Duft. Bei einigen Arten können die Männchen ein solches Pheromon über weite Entfernungen riechen. Die Männchen des Kleinen Nachtpfauenauges können Artgenossinnen noch aus einer Distanz von 4 km wahrnehmen. Schmetterlinge erkennen einander vor allem am Aussehen. Sie suchen vorwiegend an auffälligen Plätzen in ihrem Lebensraum - auf einer Hügelspitze, einem einzeln stehenden Baum oder einer Waldlichtung - nach Artgenossen. Die Männchen flattern aufgeregt herum und stürzen sich auf jedes Schmetterlingsweibchen, das auch nur entfernt den Weibchen ihrer eigenen Art ähnlich sieht. Dabei achten die Männchen auf Merkmale wie Farbe, Form und Größe. Wenn sich zwei geeignete Paarungskandidaten gefunden haben, beginnt die Werbung. Einige Schmetterlinge, wie die Zipfelfalter, balzen im Flug. Das Männchen fliegt unter das Weibchen und wirft sich auf den Rücken, wobei seine Flügel die Fühler des Weibchens streifen. Bei anderen Arten hockt das Weibchen auf einer Pflanze, und das Männchen tanzt direkt über ihm. Beim Tanzen fächelt es seiner erwählten Partnerin Sexpheromone zu. Weibchen werden nur durch den Geruch arteigener Männchen zur Paarung angeregt. Die Männchen anderer Arten können sie buchstäblich nicht riechen. Wenn ein Männchen dennoch versuchen sollte, ein artfremdes Weibchen zu verführen, würde die Umworbene den Freier

Papilio demoleus, *Paarung*

Actia selene

Cethosia chrysippe

*Paarung von* Heliconius melpomeme *mit* Heliconius cydno

*Eier von* Caligo mennon

wissen lassen, dass sie nicht interessiert ist, indem sie mit dem Hinterleib eine typische Abwehrhaltung einnimmt.
Wenn Männchen und Weibchen mit Hilfe von Duftsignalen und optischer Prüfung geklärt haben, dass sie zur selben Art gehören, kommt es in der Regel zur Paarung. Die Paarung beginnt mit einer Kopplung der äußeren Geschlechtsorgane. Sie kann ohne weiteres mehrere Stunden dauern, bei Nachtfaltern können es sogar volle 24 Stunden sein. Bei der Kopulation gibt das Männchen nicht nur Spermien an das Weibchen weiter, sondern auch gewisse Proteine. Seine Partnerin verwendet diese Proteine zur Eiproduktion. Gewöhnlich gibt das Männchen überdies einen Geruchsstoff ab. Dieser Duft macht das Weibchen für andere Männchen unattraktiver, denn sie ziehen geruchlose und daher jungfräuliche Weibchen vor.

# Das Ei

Nach der Paarung fliegt das Männchen davon, um nach anderen Weibchen Ausschau zu halten, während sich das Weibchen nach einer geeigneten Pflanze für die Eiablage umsieht. Besonders Tagfalter zeigen eine spezielle Vorliebe für ganz bestimmte Pflanzenarten. Diese so genannten Wirts- oder Futterpflanzen werden vom Weibchen mit Hilfe von Geschmackshaaren an den Füßen erkannt. Daher braucht ein Weibchen nur auf einer Pflanzen zu landen, um herausfinden, ob diese als Futterpflanze für seinen Nachwuchs und damit zur Eiablage geeignet ist. Die Größe von Schmetterlingseiern variiert von einigen Zehntel Millimeter bis zu fast einem halben Zentimeter. Einige

*Raupen von* Caligo memmon *fressen zuerst die Eischale*

*Die Raupe von* Ornithoptera priamus

*Die Raupe von* Orygia antiqua

*Eier vom Lungenenzian-Ameisenbläuling*

Pachliopta-*Raupen*

Weibchen legen ihre Eier einzeln an verschiedene Pflanzen ab, andere in Gruppen. Schmetterlingseier haben eine harte Schale, die glatt sein oder Leisten und Gruben aufweisen kann. Die Form der Eier ist sehr unterschiedlich und variiert von Art zu Art: kugel-, kegel-, zylinder-, scheiben-, kuppelförmig etc. Der Embryo entwickelt sich innerhalb des Eies. Dieser Prozess nimmt gewöhnlich einige Tage in Anspruch, manchmal auch Wochen. Wenn es Zeit zum Schlüpfen ist, verändern die Eier häufig die Farbe.

## Die Raupe, eine Fressmaschine

Aus den Schmetterlingseiern schlüpfen Raupen; sie bilden ein wichtiges Glied im Lebenszyklus dieser Insekten. Das Raupenstadium ist die Phase, in der das Wachstum stattfindet. Raupen sind daher aufgrund ihres Körperbaus bestens daran angepasst, in kurzer Zeit möglichst viel zu fressen. Damit beginnen sie gleich nach dem Schlüpfen – dann verzehren sie nämlich zunächst einmal die Eihülle, aus der sie gerade gekrochen sind. Wenn sie damit fertig sind, machen sie sich über die Pflanze her, auf der sie sitzen. Trotz ihres riesigen Appetits sind Raupen außerordentlich wählerisch. Wenn sie die richtige Wirtspflanze nicht finden, verhungern sie lieber, als eine andere Pflanze zu akzeptieren. Glücklicherweise legen die Weibchen ihr Gelege gewöhnlich an die arttypische Wirtspflanze, sodass die Raupe gleich nach dem Schlüpfen zu fressen beginnen kann. Rasch verschlingt sie Blätter und andere Pflanzenteile. Um zu wachsen, häutet sich die Raupe mehrmals. Ihre Haut ist nicht dehnbar. Wenn sie sich den Bauch bis zu einem gewissen Stadium vollgeschlagen hat, braucht sie einen neuen und weiteren Anzug: Sie muss sich häuten. Dazu sucht die Raupe einen geschützten Ort auf und spinnt Seidenfäden, mit denen sie ihren Hinterleib an einer Pflanze befestigt. Dann platzt die Haut vorn auf, und die Raupe streift ihre alte Haut ab. Darunter hat sich bereits eine neue Haut gebildet, die um einiges weiter ist. Sobald die neue Haut trocken ist, kann die Raupe weiterfressen. Im Verlauf von zwei bis drei Wochen kann eine Raupe ihr Geburtsgewicht einige Male vertausendfachen. Nicht alle Raupen wachsen derart schnell. Eine Weidenbohrerraupe benötigt beispielsweise unter Umständen mehr als drei Jahre für ihre Entwicklung. Diese Raupen beißen Gänge in Bäume und ernähren sich von Holz. Das Kauen und Verdauen solcher Nahrung braucht natürlich mehr Zeit als bei weicher Pflanzennahrung. Die meisten Raupen häuten sich vier- bis fünfmal. Bei der letzten Häutung kommt keine größere Raupe, sondern eine Puppe zum Vorschein. Zu diesem Zweck spinnt die Raupe zunächst einen Seidenfaden, den sie an der Pflanze befestigt. Dann hakt sie ihr letztes Beinpaar in den gesponnenen Faden und hängt sich daran. Einige Raupen, wie die der Zipfelfalter, spinnen eine Art Gürtel um ihre Mitte, um sich an die Pflanze anzuheften. Wenn sie ihre Haut abgestreift haben, sind sie zu Puppen geworden.

*Sich verpuppende Raupe von* Ornithoptera priamus

Papilio-*Raupen im letzten Wachstumsstadium*

*Sich verpuppende Raupe von* Papilio polytes

*Das Kokon von* Attacus atlas

# Die Puppe und der Kokon

Die Metamorphose findet in der Puppe statt. Nach der Fress- und Wachstumsphase verwandelt sich die Raupe in einen Schmetterling, dessen Sinnen und Trachten allein auf die Fortpflanzung gerichtet ist.
Das Puppenstadium ist eine außerordentlich verwundbare Phase im Leben eines Schmetterlings. Die Puppe hat weder Beine noch Flügel. Ein sicherer Platz für die Verpuppung ist also äußerst wichtig. Schmetterlingspuppen, die an Pflanzen angeheftet sind, sind daher in Farbe und Form sehr geschickt getarnt. Verschiedene Raupen, wie diejenigen aus der Familie der Nachtpfauenaugen oder Augenspinner, spinnen einen Kokon, eine Hülle aus einem kilometerlangen Seidenfaden, der immer wieder um die Raupe gewickelt wird und dessen Wicklungen mit einer Art Leim zusammengeklebt werden. Die Raupe, die anschließend sicher im Inneren des Kokons ruht, verpuppt sich und wandelt sich in die Erwachsenenform um. Das Puppenstadium kann an die zehn Tage, in Extremfällen aber auch drei Jahre dauern, je nach Art des Schmetterlings und der Umweltbedingungen, wie Temperatur und Feuchtigkeit.

*Schlüpfender* Morpho peleides

Morpho peleides *ist bereit zum ersten Flug*

Morpho peleides *pumpt seine Flügel auf*

## Die Geburt eines Schmetterlings

Wenn die Metamorphose abgeschlossen ist, sprengt der Schmetterling die Puppenhülle und kriecht heraus. Zunächst sind seine Flügel noch klein und verknittert, doch die Flügel eines frisch geschlüpften Schmetterlings sind sehr dehnbar. Daher sieht sich das Insekt nach einem Platz um, wo es seine Flügel entfalten kann. Es hängt von der leeren Puppenhülle oder von einem Zweig herab und pumpt kraftvoll Blut durch die Adern seiner Flügel. Diese dehnen sich aus, bis sie ihre Endgröße erreicht haben. Anschließend lässt der Schmetterling seine Flügel in derselben Haltung einige Stunden trocknen. Dadurch verlieren sie ihre Elastizität. Wenn sie gut ausgehärtet sind, pumpt der Schmetterling das Blut wieder aus den Flügeln hinaus zurück in den Körper. Die Flügel sind jetzt stark und leicht, und der Schmetterling kann sich zum ersten Mal in die Lüfte schwingen. Die meisten Schmetterlinge schlüpfen frühmorgens aus der Puppe. Um diese Zeit ist es noch nicht sehr warm, und die Luft ist noch feucht vom Tau. Dann können sie ihre Flügel besser aufpumpen als in der Mitte des Tages. Sobald der Schmetterling fliegen kann, sucht er nach Artgenossen, und der ganze Zyklus beginnt von vorn.

Papilio polymnestor *lässt seine Flügel trocknen*

Hypolimnas bolina

*Gut getarnter Nachtschmetterling*

# 3 Schmetterlinge und ihre Umwelt

Schmetterlinge stellen hohe Anforderungen an ihren Lebensraum. Temperatur, Feuchtigkeit und Sonnenlichtmenge spielen eine wichtige Rolle, und sie sind auch in vielfältiger Weise von bestimmten Pflanzen abhängig. Daher sind Schmetterlinge gute Indikatoren für die Qualität eines Lebensraumes. Selbst wenn es in einem Gebiet nur geringfügige schädliche Einflüsse gibt, zeigt sich dies rasch an einem Rückgang der Zahl der Schmetterlingsarten.

## Schmetterlinge und Klima

Um zu fliegen, brauchen Schmetterlinge vor allem Wärme. Die meisten Arten bevorzugen eine Körpertemperatur von 30–35 °C. Schmetterlinge sind wechselwarm, d. h. ihr Körper passt sich der Umgebungstemperatur an. Daher sind diese Insekten stark von der Sonnenwärme abhängig. Um aktiv zu werden, benötigen sie eine Minimaltemperatur von 15 °C. Dazu suchen sich Schmetterlinge einen Platz in der Sonne, breiten ihre Flügel als Sonnenkollektoren aus und nutzen die gesammelte Wärme zum Aufheizen ihrer Flugmuskulatur. Wenn es zu warm wird, ziehen sie sich in den Schatten zurück. Ist nirgendwo ein schattiges Plätzchen zu finden, klappen sie ihre Flügel über dem Rumpf zusammen und richten sich zur Sonne aus. Auf diese Weise bieten sie der Sonnenstrahlung die kleinstmögliche Angriffsfläche. Auch Nachtschmetterlinge müssen ihre Flugmuskulatur vor dem Start erwärmen. Abends oder nachts kann man beobachten, wie sie ohne abzuheben heftig mit den Flügeln zittern. Diese Muskelarbeit liefert die nötige Wärmeenergie zum Aufheizen der Flugmuskeln, sodass der Nachtfalter bald starten kann.

Amauris-*Falter*

Papilio rumanzovia

Blattschmetterling

Triodes rhadamanthus *trinkt Nektar*

## Schmetterlinge, Blüten und Pflanzen

Die meisten Schmetterlinge nutzen Blütennektar als Nahrungs- und Energiequelle. Fliegen verbraucht viel Energie, und die überwiegende Anzahl der Weibchen benötigt diese für die Entwicklung ihrer Eier. Neben Nektar kann auch der Saft faulender Früchte als Energiequelle dienen. Eulenfalter halten nicht nach Blüten Ausschau, sie ernähren sich ausschließlich vom Saft faulender Bananen. Nicht nur gelöste Zucker sind für Schmetterlinge lebenswichtig, sondern auch Wasser. Viele Schmetterlinge saugen die Tautropfen auf, die morgens an den Pflanzen hängen. Andere versammeln sich am Ufer eines Gewässers oder an einer Pfütze, um zu trinken.

Eine Pflanze „belohnt" Schmetterlinge und andere Pflanzen besuchende Insekten mit energiereichem Nektar für ihre Hilfe bei der Befruchtung, denn die Insekten tragen den Blütenpollen von einer Blüte zur anderen. Die Form der Blüte ist häufig an eine bestimmte Insektengruppe angepasst. Typisch für eine Blüte, die sich auf die Besuch von Schmetterlingen spezialisiert hat, ist, dass der Nektar nur von dem langen, dünnen Rüssel eines Schmetterlings erreicht werden kann, Hummeln und Fliegen hinge-

Papilio machaon, *der Schwalbenschwanz*

Caligo *mit halb geöffneten Flügeln*

Ein *Lungenenzian-Ameisenbläuling bei der Eiablage*

gen nicht an das süße Nass gelangen können. Die Blüte des Geißblattes ist völlig an die Bestäubung durch Nachtschmetterlinge angepasst. Die weißen Blüten sind im Dunkeln leicht zu erkennen und strömen außerdem einen süßen Duft aus, um Nachtschmetterlinge aus nah und fern anzulocken. Die Blüte beginnt erst bei Dämmerungseinbruch zu duften; Taginsekten spielen bei der Bestäubung des Geißblattes keine Rolle. Viele Schmetterlinge bevorzugen Blüten einer bestimmten Farbe. Zipfelfalter findet man beispielsweise oft auf leuchtend rot gefärbten Blüten. Schmetterlingsweibchen sind außerordentlich wählerisch, was die Pflanze angeht, an der sie ihre Eier ablegen. Diese Pflanze wird als Wirtspflanze bezeichnet. Einige Schmetterlinge legen ihre Eier ausschließlich an die Blätter oder andere Teile einer einzigen Pflanzenart: der Preiselbeer-Perlmuttfalter z. B. legt seine Eier nur an Preiselbeeren. Andere Schmetterlinge bedienen sich einer Reihe verwandter Pflanzenarten: Der Zitronenfalter legt seine Eier nicht nur an Limonen- und Orangenbäume, sondern auch an andere Wirtspflanzen aus der Familie Rutaceae. Es gibt natürlich auch Schmetterlingsarten, die keineswegs derart wählerisch sind. Die meisten Atlasspinner nehmen mit den Blättern eines jeden breitblättrigen Baumes vorlieb.

*Ein Spanner*

Papilio demoleus *legt Eier an eine Zitruspflanze*

## Schmetterlinge und Ameisen

Schmetterlinge in jeder Form gelten gemeinhin als Beute, als unschuldige Opfer, die sich nicht verteidigen können. Das ist jedoch nicht immer der Fall. Eine Reihe von Schmetterlingen aus der Familie der Bläulinge hat eine ganz besondere Beziehung zu Ameisen entwickelt. Der Arion-Bläuling (*Maculinea arion*) sowie *M. alcon* und *M. telejus* verbringen einen Teil ihres Lebens in den Nestern von Knotenameisen (Myrmicinae). Als kleine Raupen werden sie von den Ameisenarbeiterinnen in deren unterirdische Nester getragen. Dort füllen die Bläulingsraupen ihren Bauch mit Ameisenlarven und dem Futter, das ihnen von den Ameisen angeboten wird. Die Arbeiterinnen reagieren nicht aggressiv auf die Raupen, weil diese ein süßes, eiweißreiches Sekret abscheiden, das von den Ameisen hoch geschätzt wird. Die Bläulinge werden von den Arbeiterinnen nicht nur nicht als Beute angesehen, sondern sogar gegen Angriffe parasitischer Fliegen und Schlupfwespen verteidigt. Den Winter verbringen die Raupen sicher und geschützt im unterirdischen Ameisennest – einen besseren Zufluchtsort kann man sich kaum vorstellen.

## Ein Leben voller Gefahren

Schmetterlinge sind in praktisch allen Phasen ihres Lebenszyklus von Insektenfressern gefährdet. Für viele Wirbeltiere, besonders Vögel, stellen Tag- und Nachtfalter sowie ihre Raupen eine nährstoffreiche und daher sehr begehrte Beute dar. In der Brutzeit füttern Elternvögel ihre Jungen jeden Tag mit Hunderten von Raupen. Fledermäuse haben es auf Nachtfalter abgesehen, die in der Dämmerung duftende Blüten besuchen, um Nektar zu trinken, und herumschwirren, um einen geeigneten Geschlechtspartner zu finden. Diese Insektenjäger spüren ihre Beute im Dunkeln mit Hilfe ihres Echolotsystems auf: Sie stoßen hochfrequente Töne aus, die, wenn sie auf eine Motte treffen, von dieser

*Eine Krabbenspinne hat einen Schmetterling gefangen*

*Eine Libelle, wendiger Räuber der Lüfte*

zurückgeworfen werden, sodass die Fledermaus ihre Beute lokalisieren und packen kann. Ist der Körper einer Motte jedoch dicht behaart, wird das Echo von den Haaren „verschluckt“ – die Fledermaus kann ihre Beute nicht orten und fliegt weiter. Einige Nachtfalterarten tragen am Thorax oder Abdomen spezielle Gehörorgane. Diese

*Eine Gottesanbeterin ist eine unersättliche Insektenjägerin*

*Gut getarnter Nachtschmetterling*

Troides rhadamanthus *(Goldener Vogelfalter) legt seine Eier oft an Pflanzen neben der Wirtspflanze*

„Ohren“ reagieren besonders empfindlich auf die Frequenzen, die Fledermäuse ausstoßen. Wenn ein solcher Nachtfalter Fledermauslaute wahrnimmt, und seien sie noch so leise, lässt er sich wie ein Stein vom Himmel fallen in der Hoffnung, schneller als der Jäger zu sein.

Viele Wirbellose stellen für Schmetterlinge eine noch viel größere Bedrohung dar. Spinnen, Libellen, Gottesanbeterinnen und räuberische Fliegen jagen Schmetterlinge, während Käfern, Ameisen und insbesondere parasitischen Wespen zahllose Raupen zum Opfer fallen.

Grabwespen und Schlupfwespen legen ihre Eier in oder an eine Raupe. Wenn die Wespenlarven aus den Eiern schlüpfen, beginnen sie, die Raupe aufzufressen. Das Üble dabei ist, dass sie die Raupe nicht töten, sondern bei lebendigem Leibe verspeisen. Manchmal kriechen 80–100 kleine Schlupfwespenlarven aus einer einzigen Schmetterlingsraupe, um sich anschließend sofort nach einem neuen Opfer umzusehen. Um dieser Vielzahl von Raubfeinden zu widerstehen, haben alle Schmetterlingsarten spezielle Tricks entwickelt, die ihnen zu überleben helfen.

## Gefährdete Eier

Um ihr Gelege vor Eierdieben zu verstecken, legen die Weibchen ihre Eier gewöhnlich an der Blattunterseite ihrer Wirtspflanze ab. Dort werden sie mit einer Art Kollagenkleber befestigt. Auf diese Weise sind die Eier

*Die Raupe, eine geschätzte Beute*

*Eine* Caligo-*Raupe schmiegt sich an eine Blattrippe*

vor der prallen Sonne geschützt und können auch bei starkem Regen nicht vom Blatt gewaschen werden. Um weniger aufzufallen, verändern Schmetterlingseier ihre Farbe, sobald sie ein paar Tage alt sind. Frisch abgelegte Schmetterlingseier sind hellgelb oder hellgrün, dunkeln aber bald nach und werden dadurch unauffälliger. Pflanzen können auf die Anwesenheit von Eiern an einem Blatt reagieren, indem sie das Blattgewebe rund um die Eier absterben lassen. An solchen Stellen beginnt das Blatt dann zu schimmeln, und dieser Schimmel überwuchert auch die Eier. Weibchen des Goldenen Vogelfalters (*Troides rhadamanthus*) legen ihre Eier daher an die Stützpflanze, um die sich ihre Wirtspflanze *Aristolochia* gewunden hat. Ohne von Schimmel behelligt zu werden, schlüpfen die Raupen nach einer Woche aus ihren Eiern und machen sich über die dünnen und zarten Blätter der *Aristolochia* her.

Papilio-*Raupe*

*Die Raupe von* Papilio polytes *in Verteidigungshaltung*

## Raupen

Raupen sind für viele Insektenfresser ein begehrter Imbiss. Um dennoch zu überleben, haben sie eine ganze Reihe von Tricks entwickelt. Viele Raupen tragen Tarnfarben, sodass sie sich optisch kaum von den Pflanzen abheben, auf denen sie sitzen. Einige ähneln sogar einem Zweig oder einem Blatt; Dickkopffalterraupen sind dafür ein gutes Beispiel. Zipfelfalterraupen sehen oft wie Vogelkot aus. Da Vögel ihre eigenen Ausscheidungen nicht fressen, ist dies ein geschickter Schachzug, um Fressfeinden zu entgehen. Wenn sich eine Zipfelfalterraupe mehrmals gehäutet hat, ist sie zu groß, um noch als Vogelkot durchzugehen. Bei der nächsten Häutung verwandelt sie sich daher aus einem Kothäufchen in ein kleines Ungeheuer mit aufgetriebenem Kopf und auffälligen falschen Augen. Wenn Zipfelfalterraupen beim Fressen gestört werden, z. B. von Ameisen, können sie diese gefährlichen Fressfeinde mit ihrem so genannten Osmeterium vertreiben. Das ist ein gegabeltes Organ, das blitzschnell direkt aus der Nackenregion vorgestülpt werden kann und einen durchdringenden, abstoßenden Geruch ausströmt.

## *Puppen und Kokons*

Sobald sich eine Raupe verpuppt hat, kann sie sich nicht mehr fortbewegen, denn sie verfügt in diesem Stadium weder über Flügel noch Beine. Eine Möglichkeit, die Puppenruhe sicher zu überstehen, besteht darin, eine schützende Hülle zu bilden. Ein Loch im Boden ist ein sicherer Platz für viele Schwärmerpuppen. Oft dient auch ein Kokon als Schutzhülle für die Puppe. Einige Kokons bestehen ganz aus Seidenfäden, beispielsweise beim Kleinen Nachtpfauenauge und beim kommerziell genutzten Maulbeer- oder Seidenspinner (*Bombyx mori*). Andere Bombyciden spinnen Erde, Rindenstückchen oder Blätter in den Kokon ein, um sich so gut wie möglich zu tarnen.

Puppen, die ohne einen schützenden Kokon auskommen müssen, sehen oft wie Pflanzenteile aus, um nicht aufzufallen. Sie ähneln beispielsweise einem verwelkten Blatt, einer verschrumpelten Frucht oder einem geknickten Zweig. Die Färbung der Puppe ist gewöhnlich gut an die Umgebung angepasst. Puppen sind grün, wenn sie an ein Blatt angeheftet sind, und braun, wenn sie von einem Zweig herabhängen.

*Der stabile Kokon von* Argema mittrei

*Die Puppe von* Dryas julia

*Ein gut getarnter Nachtschmetterling*

Die Flecken auf den Flügeln von Nachtpfauenaugen sehen wie Augen aus

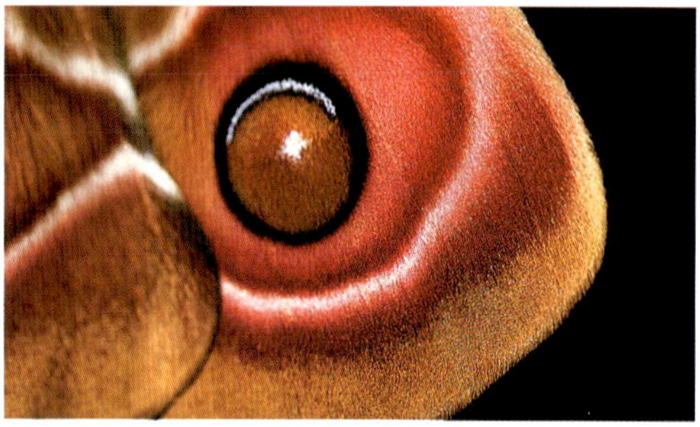

Ein Schmetterling imitiert ein Blatt zwischen Blättern

Eine wunderbare Tarnfärbung

## Färbung und Selbstverteidigung

Schmetterlinge sind für die meisten Insektenfresser eine begehrte Beute, denn sie können sich, wie es aussieht, nicht verteidigen. Sie haben keine Kiefer, mit denen sie beißen, und keinen Stachel, mit dem sie stechen könnten. Dennoch ist es nicht richtig, Schmetterlinge als völlig schutzlos zu bezeichnen. Sie können sich selbst auf viele Weisen durch ihre Flügelfärbung und -musterung schützen. Viele Schmetterlinge entziehen sich den Blicken ihrer Feinde mit Hilfe einer Tarnfärbung. Dank dieser verschmilzt der Schmetterling optisch mit seiner Umgebung. Das gilt für viele Nachtfalter. Solange sie sich tagsüber ruhig verhalten, werden sie von den meisten Insektenfressern übersehen. Bei vielen Tagfaltern ist die Oberseite der Flügel auffällig gefärbt, die Unterseite dagegen unauffällig dunkel gemustert. Wenn solche Schmetterlinge bei Gefahr ein kurzes Stück davonfliegen, dann landen und plötzlich die Flügel über dem Rücken zusammenklappen, scheinen sie wie vom

Attacus atlas *mit Schlangenköpfen auf den Vorderflügeln*

*Blattschmetterling*

Erdboden verschluckt. Eine sehr häufige Flügelzeichnung sind Augenflecke. Mit diesen großen, auffälligen falschen Augen ahmen Schmetterlinge den Kopf von großen Tieren wie beispielsweise Eulen nach. Die Augen auf der Unterseite der Flügel von Eulenfaltern (Noctuiden) lassen sie wie Eulen aussehen – für kleine, Insekten fressende Vögel Grund genug, sich eilig zurückzuziehen. Atlasspinner tragen an der Spitze eines jeden Vorderflügels sogar eine Schlangenkopfzeichnung, um Fressfeinde abzuschrecken.

In scharfem Kontrast zu den tarnfarbenen Schmetterlingen stehen leuchtend rot oder gelb gefärbte Formen. Solche Farbmuster sollen auffallen. Diese Schmetterlinge sind gewöhnlich giftig oder zumindest ungenießbar. Räubern, die einen solchen Schmetterling fressen, wird speiübel. Eine solche Erfahrung prägt sich ein, und in Zukunft werden sie derart leuchtend gefärbte Schmetterlinge in Frieden lassen. Diese sind daher gewöhnlich nicht scheu und fliegen bei Störung nicht so leicht davon, sondern öffnen lediglich ihre Flügel, damit die

*Die Flügeloberseite von* Dryas julia *ist leuchtend rot*

Botschaft „ich bin giftig“ umso besser ankommt.

## Mimikry

Viele Schmetterlingsraupen ernähren sich von giftigen Pflanzen. In ihrem Körper speichern sie die Pflanzentoxine, die dort selbst nach der Verpuppung verbleiben, wenn aus der Raupe längst ein Schmetterling geworden ist. Solche giftigen, ungenießbaren Schmetterlinge sind fast immer auffällig gefärbt und gemustert. Wenn ein Räuber

*Auffällig gefärbter Falter aus Thailand*

Papilio rumanzovia *ist nicht giftig, zeigt aber die Färbung eines giftigen Schmetterlings*

*Die auffällig gefärbte Raupe von* Danaus plexippus, *dem Monarch*

Euides isabella *ist giftig und sieht aus wie* H. hecale

einen solchen Schmetterling frisst, wird ihm übel. Daran wird er sich bei seinem nächsten Zusammentreffen mit einem derart gemusterten Schmetterling erinnern und ihn in Ruhe lassen. Labortests haben gezeigt, dass Eichelhäher, die einen einzigen giftigen Monarchfalter gefressen hatten, von auffällig schwarz-orangen Farbmustern abgeschreckt wurden. Selbst sechs Monate später konnten sie sich noch an die schlimmen Folgen erinnern, die das Verspeisen eines Monarchfalters nach sich zog. Nach diesem „Lernen aus Erfahrung" wird der Vogel solche Schmetterlinge von seiner Speisekarte streichen. Dies machen sich andere Schmetterlinge zu Nutze. Eine ganze Reihe von Schmetterlingsarten sind keineswegs giftig oder unge-

Heliconius *ist giftig und sieht wie* Euides isabella *aus*

nießbar, sehen aber einem giftigen Vorbild ähnlich. Das nennt man Mimikry. Es gibt dabei stets ein Vorbild und einen Nachahmer, die beide im selben Lebensraum vorkommen. Manchmal tragen zwei oder mehr Arten, die ungenießbar sind, dasselbe Farbmuster auf ihren Flügeln. Das dient zur Verstärkung des Effekts.

Bei vielen Schmetterlingsarten sind nur die Weibchen durch Mimikry-Muster geschützt, möglicherweise um die „Glaubwürdigkeit" des Farbmusters zu schützen. Wenn zu viele schmackhafte Schmetterlinge ein ungenießbares Vorbild nachahmen, verliert die Musterung ihre Wirkung. Das führt unter Umständen zu großen Farbunterschieden zwischen den Geschlechtern (Geschlechtsdimorphismus). Diese Unterschiede können so groß sein, dass selbst Experten erst dann, wenn sich zwei derart unterschiedlich aussehende Schmetterlinge paaren, erkennen, dass sie zur selben Art gehören.

Idea leuconoe *ist äußerst giftig*

Papilio dardanus

Araschnia levana, *das Landkärtchen*

# 4 Schmetterlinge in schwierigen Zeiten

Schmetterlinge aus gemäßigten Regionen müssen den Winter überstehen, eine Zeit mit sehr niedrigen Temperaturen, in der es weder Blüten noch Blätter gibt. In tropischen und subtropischen Gebieten gibt es zwar keinen Winter, dafür aber regelmäßig Dürreperioden, die sich ähnlich negativ auf das Pflanzenwachstum auswirken. Auf die ein oder andere Weise müssen Schmetterlinge diese Zeit überleben.

## Überwinterung

Um derart schwierige Zeiten zu überstehen, machen Schmetterlinge eine Ruhephase durch, die man als Diapause bezeichnet.

*Überwinternde Monarchfalter*

Dann kommen Wachstum und Entwicklung völlig zum Stillstand, und die Fettreserven im Körper werden so effizient wie möglich genutzt. Das Stadium des Lebenszyklus, in dem die Diapause stattfindet, variiert von Art zu Art. Argusbläulinge überwintern beispielsweise in Eiern, die an den holzigen Teilen von Heidekraut abgelegt werden. Die Raupen der Feuerfalter und von Augenfaltern wie *Pyronia tithonus* ziehen sich im Herbst in einen welken Grasbüschel zurück, während sich diejenigen des Kohlweißlings und des Schwalbenschwanzes kurz vor Wintereinbruch verpuppen. Bei vielen Schmetterlingsarten sind es die erwachsenen Schmetterlinge, die sich im Herbst einen kühlen und geschützten Platz zum Überwintern suchen. Der Zitronenfalter, das Tagpfauenauge und der Kleine Fuchs sind Beispiele für heimische Schmetterlinge, die sich im Herbst nach einem geeigneten Plätzchen umsehen und dort monatelang regungslos hängen, bis es endlich wieder Frühling wird.

## Wanderung

Viele europäische Schmetterlinge schlüpfen im Mittelmeerraum und wandern dann nach Norden, manche sogar bis nach Schweden. Ähnlich weite Entfernungen legt eine große Zahl von Distelfaltern, Heufaltern und Gamma-Eulen zurück, um nur einige zu nennen. Diese Schmetterlinge sterben im Herbst, ohne eine Generation zu zeugen, die den Winter überlebt. Jedes Jahr wandern daher neue Schmetterlinge aus warmen Regionen ein.

Einige Schmetterlingsarten unternehmen weite Wanderungen, um einen günstigen Platz zum Überwintern zu finden. Wie Zugvögel legen sie zu diesem Zweck Hunderte oder sogar Tausende von Kilometern zurück. Dabei bevorzugen sie nicht etwa besonders warme Plätze, sondern solche, an denen die

Temperatur knapp über dem Gefrierpunkt bleibt. Unter solchen Bedingungen kommt ihr Stoffwechsel praktisch zum Stillstand, und sie sparen Energie. Eine derartige Wanderung kann man beim Admiral beobachten.
Die wohl berühmtesten Schmetterlingswanderungen sind die des nordamerikanischen Monarchfalters. Monarchfalter gibt es praktisch überall auf der Welt, doch dieses Wanderverhalten zeigen nur die Schmetterlinge, die von Kanada nach Mittelamerika ziehen.
Nach Sommerende wandern die Schmetterlinge aus weiten Teilen des Kontinents über Entfernungen von manchmal mehr als 3000 km in die südlichen Wälder. Sie streben tagsüber mit einer Geschwindigkeit von rund 35 km/h auf festgelegten Routen ihrem Ziel entgegen, um dort den Winter zu verbringen.
Millionen von Monarchfaltern hängen dann dicht an dicht in großen Gruppen in den Bäumen. Die Zweige biegen sich unter dem Gewicht dieser riesigen Individuenzahl. Das Klima in diesen Wäldern ist ideal. Die Luftfeuchtigkeit ist hoch, sodass die Tiere nicht in Gefahr sind auszutrocknen. Die Temperatur ist praktisch konstant und fällt nicht unter den Gefrierpunkt.
Dieser Platz eignet sich gut zum Überwintern. Im Frühling, wenn die Pflanzen zu wachsen und zu blühen beginnen, verlassen die Monarchfalter die mittelamerikanischen Wälder und machen sich auf den Weg nach Norden. Dort legen sie ihre Eier ab, aus denen eine neue Generation von Monarchfaltern schlüpft.
Die Schmetterlinge, die den Winter überstanden haben, sind zu diesem Zeitpunkt nicht mehr am Leben. Den ganzen Sommer hindurch schlüpft eine Generation nach der anderen und bewegt sich ständig weiter Richtung Norden, bis plötzlich im Herbst alle diese Falter wieder nach Süden zu den Wäldern ziehen, in denen bereits ihre Urgroßeltern den Winter verbracht haben.
Die Wanderung der Monarchfalter ist und bleibt eines der erstaunlichsten Phänomene in der Schmetterlingswelt.

*Überwinternde Monarchfalter*

Danaus plexippus, *ein spektakulärer Wanderfalter*

Danaus plexippus, *der Monarch, überwintert in Massen*

*Schmetterlingssammlung im Naturhistorischen Museum*

# 5 Exotische Schmetterlinge beobachten

Schmetterlinge faszinieren die Menschen schon seit Jahrhunderten, und Schmetterlingssammler sind auf der Suche nach diesen wundervollen Insekten rund um die Welt gereist. Im 19. Jahrhundert wurden ganze Expeditionen ausgerüstet, um die Sammlungen mit neuen, noch unbekannten Arten zu bereichern. Damals wurde an nichts gespart, um diese Insekten zu fangen. Wenn es diesen allerersten Schmetterlingssammlern nicht gelang, die Schmetterlinge mit ihrem Netz zu fangen, setzten sie sogar Pfeil und Bogen oder Schrotkugeln ein, um an ein spezielles Exemplar zu gelangen. Glücklicherweise werden Museumssammlungen heutzutage nicht mehr auf diese Weise zusammengetragen. Es hat jedoch immer Sammler gegeben, die ihre Sammlungen mit methodischem Geschick und Verantwortungsbewusstsein aufgebaut haben. Dank dieses Sammeltriebs verfügen heute viele naturgeschichtliche Museen über sehr umfangreiche Sammlungen präparierter Schmetterlinge.

*Teil der Sammlung des Zoologischen Museums der Universität von Amsterdam*

*Teil einer Schmetterlingssammlung*

*Die Entomologische Abteilung*

## Wissenschaftliche Sammlungen

Die Sammlung der Entomologischen Abteilung des Zoologischen Museums der Universität von Amsterdam kann nur nach Vereinbarung besichtigt werden. Diese Sammlung, die mehr als acht Millionen Insekten enthält, dient ausschließlich der wissenschaftlichen Forschung, was für praktisch alle zoologischen und naturgeschichtlichen Museen der Welt gilt. Nach sorgfältigen Untersuchungen lassen sich in derartigen Instituten Fragen zum Aussehen von Schmetterlingsarten in bestimmten Weltregionen, über Veränderungen, zu denen es im Lauf der Zeit in ihrem Verbreitungsgebiet kommt, und über Farb- und Formvariationen innerhalb einer Art beantworten.
Im Prinzip bewahren Museen alles zu wissenschaftlichen Zwecken auf. Dort findet man daher nicht nur Sammlungen heimischer und exotischer Schmetterlinge, sondern auch wertvolle Sammlungen anderer Insektengruppen wie Flöhe, Läuse, Käfer, Heuschrecken und Kamelhalsfliegen, um nur einige zu nennen.
In diesem Paradies für Insektenliebhaber wurden für diese Enzyklopädie rund 250 Tag- und Nachtfalter fotografiert.

*Der tropische Schmetterlingsgarten des Noorder Dierenpark in Emmen*

## Schmetterlingsgärten

Lebende exotische Schmetterlinge kann man heutzutage in tropischen Schmetterlingsgärten bewundern. Solche Gärten bieten Besuchern reichlich Gelegenheit, sich an diesen fliegenden Juwelen zu erfreuen. Ein Spaziergang durch solch ein Paradies, wo Ihnen die schönsten Schmetterlinge um den Kopf schwirren, ist ein unvergessliches Erlebnis.
Der erste Schmetterlingsgarten wurde von David Lowe auf der Kanalinsel Guernsey eingerichtet. In einem leeren Tomatengewächshaus legte er einen Garten an, der dem natürlichen Lebensraum einer Reihe tropischer Schmetterlinge so weit wie möglich

*Pflanzen gießen im Tropischen Schmetterlingsgarten*

*Der Tropische Schmetterlingsgarten in Emmen*

Caligo atreus *riecht den Alkohol im Cocktail*

nachempfunden war. Von Zeit zu Zeit kamen Freunde und Bekannte, um einen Blick hineinzuwerfen. Doch das Interesse wurde bald so groß, dass das Gewächshaus 1977 der Öffentlichkeit zugänglich gemacht wurde. Seitdem sind nicht nur in Großbritannien, sondern auch in Malaysia, Florida, Dänemark, Luxemburg, Frankreich und Deutschland Schmetterlingsgärten eröffnet worden. Sie sind gewöhnlich eigenständige Einrichtungen, manchmal jedoch auch einem Zoo angegliedert, wie in Emmen, San Diego und Melbourne.

Der Tropische Schmetterlingsgarten im Noorder Dierenpark in Emmen wurde am 30. Mai 1985 eröffnet. Es ist der größte in Europa und das ganze Jahr hindurch geöffnet. Man kann sich dort also selbst im Winter an tropischen Schmetterlingen erfreuen. Um die Schmetterlingspopulation aufrechtzuerhalten, müssen jeden Tag mindestens 70 Schmetterlinge aus ihren Puppen schlüpfen. Daher spielt die Zucht der Schmetterlinge eine sehr wichtige Rolle. Auch per Post gelangen Puppen aus tropischen Ländern nach Emmen. In Ländern wie Costa Rica,

*Der Puppenkasten*

den Philippinen und Malaysia gibt es so genannte Schmetterlingsfarmen, wo zunächst einmal Wirtspflanzen für die Raupen gezogen werden. Zu gegebener Zeit verpuppen sich diese Raupen und werden größtenteils verkauft. Kurze Zeit später schlüpfen aus den zurückgebliebenen Puppen Schmetterlinge, die anschließend freigelassen werden. Auf diese Weise tragen die Schmetterlingsfarmen in Belize und Papua-Neuguinea zum Erhalt der heimischen Schmetterlingspopulation bei. Eine wichtige Einnahmequelle derartiger Zentren ist die Versendung großer Mengen von Schmetterlingspuppen an Schmetterlingsgärten in aller Welt.

Im Tropischen Schmetterlingsgarten im Noorder Dierenpark beträgt die Temperatur tagsüber mindesten 25 °C. Das ist notwendig, weil die Flugmuskulatur der tropischen Schmetterlinge unterhalb dieser Temperatur nicht richtig arbeitet. Wenn die Temperaturen über 28 °C steigen, springt automatisch das Kühlsystem an. Das dient mehr dem

Danaus similis

Wohlbefinden der Besucher als dem der Schmetterlinge, die sich auch bei 32 °C noch durchaus behaglich fühlen. Nachts fallen die Temperaturen auf 20 °C. Die Luftfeuchtigkeit im Schmetterlingsgarten bleibt wegen der großen Wassermengen, die die Pflanzen ver-

*Ein* Troides *trinkt an einer künstlichen Blume*

dunsten, stets auf tropisch hohem Niveau. Der Tropische Schmetterlingsgarten ist ein buntes Gewächshaus. Einige Pflanzen dienen zum Schmuck, andere sind eigens für die Schmetterlinge da, beispielsweise diejenigen Pflanzen, deren Blüten die Schmetterlinge mit Nektar versorgen. Und es sind viele Blüten nötig, um die rund 1500 Schmetterlinge, die hier umherschwirren, zu ernähren. Im Winter geht die Zahl der Blüten wegen der kürzeren Tageslänge zurück. Damit das Trinkwasser nicht knapp wird, können die Schmetterlinge ihren Durst an etwa 60 künstlichen Blüten löschen. Diese gibt es in vier Farbkombinationen, die auf Plastikscheiben gemalt sind. Das Herz jeder künstlichen Blüte enthält ein Röhrchen, das täglich mit Honigwasser gefüllt wird. Neben einigen der künstlichen Blüten befindet sich für diejenigen Tag- und Nachtfalter, die keinen Nektar saugen, ein Tablett mit faulenden Früchten wie Bananen und Orangen. Die Schmetterlinge kommen nicht nur im Winter, sondern das ganze Jahr hindurch gern zu den künstlichen Blüten. Im Garten wachsen auch verschiedene Wirtspflanzen, an welche die Schmetterlingsweibchen ihre Eier legen können: Passionsblumen für Heliconiden, Zitrusgewächse und Aristolochien (Osterluzeigewächse) für verschiedene Arten von Zipfelfaltern, Bananen für Eulenfalter, *Cestrum* für Glasflügler, Kalanchoe für tropische Bläulinge etc. Viele Schmetterlinge legen ihre Eier an Wirtspflanzen im Schmetterlingsgarten, doch es gibt auch Schmetterlinge, die in einem großen Raum hinter der Szenerie herumfliegen. Dort ist es ein paar Grad wärmer, und so genannte Tageslichtlampen brennen 16 Stunden pro Tag. Die Schmetterlingspfleger bringen die Pflanzen mit den Eiern in einen speziellen Zuchtraum für die Raupen, die dort große Mengen ihrer Lieblingspflanze fressen. Wenn sie so weit sind und sich verpuppen, sammeln die Pfleger die Puppen ein. Die Gärtner holen die kahl gefressenen Pflanzen ab und päppeln sie in einem Gewächshaus wieder auf. Nach ein paar Monaten haben sie wieder genug Blätter angesetzt, um den Raupen aufs Neue als Futterspender zu dienen. Die Schmetterlingspuppen, die mit einem gesponnenen Seidengürtel an den Pflanzen befestigt sind, werden vorsichtig abgelöst und mit einer durch die Seidenschnur gesteckten Nadel an ein spezielles Gestell gehängt. Wenn das Gestell voll ist, kommt es in den „Schlupfkäfig“ im Schmetterlingsgarten. Dort können die Besucher die Geburt eines Schmetterlings beobachten. Sobald die Flügel ausgehärtet sind, wird die Tür geöffnet, und die Schmetterlinge erheben sich zum ersten Mal in die Luft. Und so kann man im Tropischen Schmetterlingsgarten in Emmen das ganze Jahr hindurch exotische Schmetterlinge beobachten.

Danaus plexippus *an seiner Wirtspflanze* Asclepias

Caligo memmon *an einer faulenden Banane*

Heteropterus morpheus, *der Spiegelfleck-Dickkopffalter*

# 6 Hesperiidae - Dickkopffalter

Dickkopffalter sind in der Regel kleine Schmetterlinge mit einem dicken Kopf. Weltweit sind mehr als 3000 Arten bekannt. Die meisten Vertreter dieser Familie leben in Südamerika. Im Gegensatz zu den europäischen Arten sind diese bunt gefärbt und weisen an ihren Hinterflügeln manchmal Fortsätze („Schwänze") auf. Dickkopffalter haben im Verhältnis zu ihrem massigen Körper kleine Flügel. Eine Flügelspannbreite von 3 cm ist für europäische Verhältnisse groß, einige tropische Dickkopffalter können jedoch eine Spannbreite von 8 cm erreichen. Diese Schmetterlinge haben eine hohe Flügelschlagfrequenz, und ihr Flug wirkt pfeilschnell und sehr behände. Dickkopffalter besitzen auch einen bemerkenswert langen Saugrüssel. Ihre Antennen unterscheiden sich von denjenigen anderer Tagschmetterlinge durch das abgeknickte Ende. Dickkopffalter legen runde bis ovale Eier mit einer abgeplatteten Basis. Ihre haarlosen Raupen leben in Gespinströhren zwischen zusammengesponnenen Blättern ihrer Wirtspflanze und verlassen ihre Zuflucht nur, um zu fressen. So bleiben sie den Blicken von Insektenfressern weitgehend verborgen. Auch zur Verpuppung spinnen sich die Raupen ein und verbringen ihre Puppenruhe in einem weitmaschigen, lockeren Kokon, verborgen in der Vegetation.

*Malven-Würfelfleckfalter und Senfweißlinge*

## *Carcharodus alceae*

Das Verbreitungsgebiet von *Carcharodus alceae*, dem Malven-Dickkopffalter, erstreckt sich von Nordafrika über Europa bis nach Mittelasien. Dieser Schmetterling liebt die Wärme und ist in vegetationsarmen, felsigen Gebieten zu Hause. Wenn er sich niederlässt, bleiben seine Flügel geöffnet; wegen seiner Tarnfärbung ist er schwer zu entdecken. Der Malven-Dickkopffalter saugt an den Blüten krautiger Pflanzen Nektar. Die Eier werden an verschiedene Malvenarten abgelegt. Die Raupen wachsen rasch heran. Jedes Jahr entwickeln sich zwei bis drei Generationen dieser Schmetterlinge. Die voll ausgewachsene Raupe überwintert in einem Gespinst. Im Gegensatz zu den meisten

*Ein Dickkopffalter*

Carcharodus alceae, *der Malven-Dickkopffalter*

anderen Dickkopffaltern legen diese Schmetterlinge große Entfernungen zurück und kolonialisieren viele neue Gebiete.

Carterocephalus palaemon, *der Gelbwürfelige Dickkopffalter*

## *Carterocephalus palaemon*

*Carterocephalus palaemon*, der Gelbwürfelige Dickkopffalter, ist in den kalten und gemäßigten Regionen von Europa, Asien und Nordamerika beheimatet. Er lebt in Wiesen- und Feuchtgebieten an Waldrändern. Die Männchen hocken auf einem geeigneten Zweig und behalten ihr Revier im Auge; die Weibchen fliegen ebenfalls in einem bestimmten, begrenzten Gebiet umher. Die Eier werden an verschiedene Gräser (Gramineae) abgelegt. Die Raupen benötigen zehn Monate, um heranzuwachsen und sich zu entwickeln. Voll ausgewachsen, überwintern sie in einer Röhre aus umsponnenem Gras. Im Frühling verlassen sie ihre Gespinströhre und verpuppen sich innerhalb von zwei Wochen. Jedes Jahr schlüpft nur eine Generation.

## *Erynnis tages*

*Erynnis tages*, der Graue oder Dunkle Dickkopffalter, hat ein außerordentlich großes Verbreitungsgebiet, das sich über ganz Europa bis nach China und Ostasien erstreckt. Dieser Falter ist sehr klein, gut getarnt und bevorzugt kühlere Temperaturen. Gewöhnlich schlüpft pro Jahr nur eine Generation, manchmal auch eine kleine zweite. Der Dunkle Dickkopffalter legt relativ wenige Eier. Die Wirtspflanzen gehören zur Familie der Schmetterlingsblütler (Leguminosen); am häufigsten findet man die Gelege an Hornklee und Kronwicke. Die Raupen überwintern in festen Kokons. Im Frühjahr verlassen sie ihren sicheren Unterschlupf, um sich zu verpuppen. Die Schmetterlinge sind recht heimattreu und zeigen wenig Neigung, ihr Verbreitungsgebiet zu erweitern.

Erynnis tages, *der Graue Dickkopffalter*

Hesperia comma, *der Kommafalter*

## *Hesperia comma*

*Hesperia comma*, der Kommafalter, lässt sich an den weißen, kommaförmigen Flecken auf der Unterseite seiner Flügel erkennen. Sein Verbreitungsgebiet ist außerordentlich groß, man findet ihn in Nordafrika, Europa, Asien und Nordamerika. Er bevorzugt lichte Wälder mit Büschen und Graslichtungen. Diese Schmetterlinge saugen große Mengen Nektar an Distelblüten. Im Herbst legen die Weibchen Eier an Schafschwingel (Gramineae). Der Kommafalter überwintert als Ei, sicher verborgen in einer Röhre aus zusammengesponnenen Grashalmen. Das Raupenwachstum findet im Frühjahr und Sommer statt. Die Schmetterlinge fliegen vor allem im August und können dann lokal in großer Zahl auftreten.

## Heteropterus morpheus

*Heteropterus morpheus*, der Spiegelfleck-Dickkopffalter oder der Große Gelbwürfelige Dickkopffalter, ist von West- und Mitteleuropa bis nach Ostasien zu Hause. Er bevorzugt Feuchtgebiete, wie man sie in den Übergangsregionen zwischen Wald und Hochmooren und anderen sumpfigen Gebieten findet. Als Wirtspflanzen dienen diesem Schmetterling Grasarten, z. B. *Molinia*. Durchschnittlich beträgt die Wachstumszeit der Raupen zehn bis elf Monate. Nur in feuchten Gebieten finden die Raupen Wirtspflanzen in genügender Zahl und Qualität, um sich so lange „durchzufressen“. Fast ausgewachsen, überwintern die Raupen in einem Versteck aus zusammengesponnenen Blättern. Dieser gefährdete Schmetterling bringt es auf nur eine Generation im Jahr.

Ochlodes venata, *der Rostfarbene Dickkopffalter*

## Ochlodes venata

*Ochlodes venata*, der Rostfarbene Dickkopffalter, ist in Europa und Asien bis nach Japan weit verbreitet. Er fehlt im Norden Skandinaviens und in den warmen Gebieten rund um das Mittelmeer. Dieser Falter bevorzugt bewaldete Gebiete. Männliche Tiere tragen auf ihren Vorderflügeln einen auffallenden dunklen Fleck mit Duftschuppen. Die Eier werden an verschiedene Gräser (Gramineae) und Seggen (Cyperacea) abgelegt. Die frisch geschlüpften Raupen ernähren sich von breitblättrigen Grasarten. Die Raupen wachsen sehr langsam. Halb ausgewachsen, überwintert sie zwischen versponnenen Grasstängeln. Pro Jahr gibt es eine Generation; die Schmetterlinge fliegen zwischen Juni und August.

Pyrus carthami, *ein kleiner Dickkopffalter mit weißen Flecken am Rand der Hinterflügel*

## Pyrgus carthami

*Pyrgus carthami* ist ein kleiner Dickkopffalter, der von Mitteleuropa bis Mittelasien anzutreffen ist. Man erkennt ihn an der Reihe weißer Flecken am Rand der Hinterflügel, die wie gemalt aussehen. Gern hält er sich auf Wiesen und an Wegrändern auf. Wirtspflanzen dieses Falters sind Malven oder eine der vielen Fingerkrautarten. Die

Raupen überwintern in der Laubstreu, wo sie sich einige Blätter zu einem Unterschlupf zusammenspinnen. Nach dem Überwintern wachsen die Raupen weiter und verpuppen sich schließlich. Pro Jahr entwickelt sich eine Generation; die Schmetterlinge fliegen im Juni.

Pyrgus malvae, *der Malven-Dickkopffalter*

## *Pyrgus malvae*

*Pyrgus malvae*, der Malven-Würfelfleckfalter, auch Malvendickkopf oder Malven-Würfeldickkopf genannt, ist in Europa weit verbreitet und kommt auch in Asien bis in die Mongolei vor. Heutzutage geht seine Zahl jedoch überall zurück. Der Malven-Würfelfleckfalter hält sich bevorzugt an Waldrändern auf; kennzeichnend ist sein rascher Flug, den er häufig unterbricht, um am Boden zu rasten. Die Schmetterlinge trinken regelmäßig Nektar an wilden Himbeeren, Brombeeren und Fingerkraut (Rosaceae). Die Raupen des Malven-Würfelfleckfalters ernähren sich von den Blättern derselben Pflanzen. Wenn sie ausgewachsen sind, spinnen sie einen weitmaschigen, lockeren Kokon, in dem sie überwintern. Pro Jahr entwickelt sich nur eine Generation.

## *Spialia sertorius*

*Spialia sertorius*, der Rote Würfelfalter, auch

Spialia sertorius, *der Rote Würfelfalter*

Wiesenknopf-Würfeldickkopf oder Roter Würfeldickkopf genannt, ist in Nordafrika und fast ganz Europa verbreitet. Dieser sehr kleine Dickkopffalter lässt sich an der roten Unterseite seiner Hinterflügel und dem roten Fleck auf seinem Abdomen erkennen. Wirtspflanze ist der Kleine Wiesenknopf (Rosacea). Der Schmetterling kann sich nur dann fortpflanzen, wenn diese Pflanze blüht, denn das Weibchen legt seine Eier nur an deren Knospen. Nach rund zwei Monaten sind die Raupen ausgewachsen und überwintern in einem luftigen Versteck aus zusammengesponnenen Blättern. Auch die Puppenruhe verbringen sie in einem locker gewobenen Kokon. Die Schmetterlinge fliegen von April bis Juni. Manchmal gibt es im Juli/August eine zweite Generation.

## *Thymelicus lineola*

Man findet *Thymelicus lineola*, den Schwarzkolbigen Braun-Dickkopffalter, in Nordafrika, Europa, Asien und Nordamerika. Sein nächster Verwandter ist *Thymelicus sylvestris*, der Braunkolbige oder Ockergelbe Braun-Dickkopffalter, der sich vom Schwarzkolbigen Braun-Dickkopffalter nur durch die gelbe Unterseite seiner Fühlerkeule unterscheidet. *Thymelicus lineola* ist

Thymelicus lineola, *der Schwarzkolbige Braun-Dickkopffalter*

Zela onara

auf Wiesen und an Wegrändern ein häufiger Anblick. An solchen Stellen kann seine Populationsdichte sehr hoch sein. Die Weibchen legen ihre Eier im August zusammen in Gruppen an die Spitze von Grashalmen, wo die Gelege überwintern. Im Frühjahr, wenn die jungen Halme sprießen, schlüpfen die Raupen, die sich von einer breiten Palette Gräser ernähren. Innerhalb von zwei Monaten sind sie ausgewachsen und verpuppen sich. Das Puppenstadium dauert weniger als drei Wochen. Die Schmetterlinge fliegen im Juli und August; pro Jahr gibt es eine Generation.

## *Zela onara*

*Zela onara* ist ein tropischer Dickkopffalter aus den warmen Regionen Südostasiens. Die Wirtspflanze der Raupen ist die Kokospalme, aber auch andere Palmen werden akzeptiert. Wenn sie nicht gerade fressen, sind die grünlichen Raupen kaum zu sehen, weil sie sich an der Unterseite der Palmwedel gegen eine Blattader drücken. Dieser Dickkopffalter kann auf Palmenplantagen viel Schaden anrichten, weil einige wenige Schmetterlinge sehr viele Eier legen können. Man entdeckt die Raupen erst dann, wenn sie bereits ausgedehnte Schäden hervorgerufen haben.

Ornithoptera priamus

# 7 Papilionidae - Ritterfalter; Ornithoptera - Vogelfalter

Mehr als 900 Schmetterlingsarten gehören zur Familie Papilionidae, den Ritterfaltern oder Schwalbenschwänzen. Zu den großen, auffälligen Fliegern gehören die größten Tagschmetterlinge der Welt, die Vogelfalter oder Ornithoptera. Einige Vogelfalterweibchen haben eine Flügelspannweite von 25 cm. Die Männchen sind in der Regel wesentlich kleiner, dafür aber viel bunter; ihre Flügel glänzen grünlich oder golden. Wegen ihrer wunderbaren Farben bieten Sammler für ein intaktes Männchen hohe Preise; bei seltenen

*Das Männchen dieses Vogelfalters schillert wunderbar grün*

Arten kann ein Exemplar mehr als 7000 Dollar kosten. Um diese Schmetterlinge vor dem Aussterben zu bewahren, waren daher internationale Schutzmaßnahmen notwendig.
Einen deutlichen Unterschied im Aussehen beider Geschlechter findet man nicht nur bei Vogelfaltern, sondern auch bei vielen anderen Ritterfalterfamilien.
Viele Ritterfalter haben geschwänzte Hinterflügel. Am bemerkenswertesten sind hierbei die *Leptocircus*-Arten, eine sehr kleine Gruppe innerhalb der Familie. Ihre Flügelspannweite beträgt nicht einmal 5 cm, doch ihre Schwänze können gut 5 cm lang werden. Andere Schmetterlinge dieser weit verbreiteten Familie, wie der Apollofalter, besitzen keine Flügelanhänge.

Papilio inopinatus, *Männchen*

Papilio inopinatus, *Weibchen*

Ritterfalter besuchen besonders gern rote und purpurfarbene Blüten. Wenn sie Nektar saugen, sitzen sie nicht still, sondern hängen mit ununterbrochen weiterschlagenden Flügeln an der Blüte. Bei der Nahrungssuche treffen sie auf Artgenossen. Sieht ein Ritter-

Papilio dardanus

faltermännchen einen Schmetterling, den es für eine Artgenossin hält, beginnt es mit der Werbung. Im Flug wirft es sich immer wieder auf den Rücken, und seine Flügel streifen die Antennen des Weibchens. Dabei scheidet es einen Duftstoff aus, der dem Weibchen signalisiert, dass der Werbende ein Artgenosse ist. Wenn beide tatsächlich zur selben Art gehören, führt ein derartiger

Paridies iphidamas *bei der Paarung*

Balzflug zur Paarung. Die Männchen mancher Ritterfalter, darunter diejenigen der Gattungen *Parides* und *Troides*, haben am Innenrand der Hinterflügel eine tiefe Falte, die weiße, fadenförmige Duftschuppen enthält.

Ritterfalterweibchen legen runde Eier mit einer glatten Oberfläche, die bei einigen Arten einen Durchmesser von 4 mm erreichen können. Direkt nach der Eiablage sind die Eier oft gelblich, dunkeln aber nach ein paar Tagen nach, sodass sie an einer Pflanze weniger auffallen. Bei vielen Schwalbenschwänzen sehen die frisch geschlüpften Raupen wie Vogelkot aus. Diese „Verkleidung" bietet ihnen einen exzellenten Schutz, denn welcher Vogel, der das Blattwerk nach Nahrung durchstöbert, würde etwas fressen, das wie seine eigenen Ausscheidungen aussieht! Die Raupen wachsen, und nach der ersten Häutung kommt ein noch größeres Häufchen „Vogelkot" zum Vorschein.

Das letzte Raupenstadium sieht in der Regel völlig anders aus. Die Raupe ist dann so groß, dass sie sich nicht mehr als Vogelkot ausgeben kann. Diese glatten Raupen tragen

*Der „Vogelkot" häutet sich*

auf dem vorderen Teil ihres Körpers Augenfleck-Markierungen. Bei Gefahr können sie diesen Teil aufblasen und beim Räuber den Eindruck erwecken, er stünde einer furchterregenden Eidechse oder einem anderen gefährlichen Tier gegenüber. Viele Räuber suchen dann lieber das Weite. Nur Insekten, z. B. Ameisen, lassen sich nicht so leicht ins Bockshorn jagen. Um diese gefährlichen räu-

*Eine Raupe imitiert Vogelkot*

*Die Raupe von* Papilio polytes

berischen Insekten fern zu halten, stülpen die Raupen ein besonderes Organ, ein so genanntes Osmeterium, aus. Es liegt direkt hinter dem Kopf, ist leuchtend orange oder gelb gefärbt und verbreitet einen derart üblen Geruch, dass selbst Ameisen die Flucht ergreifen. Raupen des so genannten Osterluzeifalters ernähren sich von giftigen *Ari-*

Papilio-*Raupe mit ausgestülptem Osmeterium*

*stolochia*-Arten und speichern das aufgenommene Gift in ihrem Körper. Damit stellen sie sicher, dass sie z. B. für Vögel ungenießbar sind. Wenn ein Vogel eine solche Raupe frisst, wird das Pflanzengift in seinem Verdauungstrakt frei und dem Vogel wird übel. Solche Raupen tragen auf ihrem Körper fleischige, leuchtend rote Ausstülpungen,

*Eine Puppe von* Papilio demoleus

um Vögeln ihre Ungenießbarkeit anzuzeigen. Die Puppen der Ritterfalter sind so genannte Gürtelpuppen: Die Raupen spinnen einen Gürtel, mit dem sie sich in typischer Haltung an einer Pflanze befestigen.

*Eine bunte* Pachliopta-*Raupe*

Allancastria cerisyi

Allancastria cerisyi

## *Allancastria cerisyi*

*Allancastria cerisyi* lebt an Berghängen in Griechenland und der Türkei. Er bevorzugt raue Gebiete in höheren Lagen. An den felsigen Abhängen findet dieser Schwalbenschwanz *Aristolochia*, die Futterpflanze für die Raupe.

## *Atrophaneura alcinous*

Man findet *Atrophaneura alcinous* in China, Taiwan und Japan. Die Schmetterlinge leben in Randgebieten und in offenen Lichtungen des Regenwaldes. Dort wächst die Wirtspflanze der Raupen, *Aristolochia tagala* (Aristolochiaceae). Die Weibchen legen jedes Mal ein einzelnes Ei an das jüngste Blatt am Vegetationspunkt dieser Kletterpflanze. Nur auf diese Weise können sie mit den viel größeren Vogelfalterraupen konkurrieren, die auf den großen, stärkeren Blättern derselben Pflanze leben. Die giftigen Inhaltsstoffe der Pflanze machen Raupen und Schmetterlinge ungenießbar.

Atrophaneura alcinous

Atrophaneura coon

Atrophaneura hageni

Atrophaneura nox

## *Atrophneura coon*

*Atrophneura coon* hat ein sehr großes Verbreitungsgebiet, das Nordindien, Burma, Thailand, Laos, Vietnam, Kambodscha, Südchina, Malaysia und Indonesien umfasst. Man unterscheidet acht Unterarten, wovon vor allem die indischen Unterarten sehr selten sind. Typisch für *Atrophneura coon* sind die bei den Männchen besonders stark ausgeprägten langen, schmalen Vorderflügel. Weiterhin zeichnen sie sich durch ungewöhnlich geformte Schwänze an ihren Hinterflügeln aus, die leicht abbrechen. Das leuchtend gelbe Abdomen warnt Vögel, dass diese Schmetterlinge ungenießbar sind. Die Wirtspflanze dieser Art ist *Apama tomentosa* aus der Familie der Aristolochien (Osterluzeigewächse). Die Schmetterlinge besuchen die Blüten vieler *Lantana*-Arten.

## *Atrophaneura hageni*

*Atrophaneura hageni* ist ein recht seltener Schmetterling, dessen Verbreitung sich auf das Hochland von Sumatra (Indonesien) beschränkt. Der Schmetterling sieht *A. priapus* sehr ähnlich, der ebenfalls einen weißen Kopf hat. Die Abbildung zeigt ein Männchen, bei dem die gewöhnlich zusammengelegten Falten an den Hinterflügeln offen liegen, sodass man die weißen Duftschuppen sehen kann. Die Flügelspannweite dieses Schmetterlings beträgt 10–13,5 cm.

## *Atrophaneura nox*

*Atrophaneura nox* kommt im Süden Thailands, in Malaysia und Indonesien vor. Die Weibchen dieser Art sind fast völlig schwarz mit etwas Weiß an den Flügeladern. Die schwarzen Vorderflügel der Männchen zeigen einen bläulichen Schimmer; ein gelblich bis grauweißes Band an der Innenfalte ihrer Hinterflügel markiert den Sitz der Duftschuppen. Die Flügelspannweite beträgt 7,5–12 cm. Die vorherrschende Farbe dieses Schmetterlings ist Schwarz, und ihr verdankt er seinen Namen, denn *nox* heißt Nacht.

## *Atrophaneura polyeuctes*

*Atrophaneura polyeuctes* ist in China und Taiwan zu Hause. Er lebt in den offenen Lichtungen des Regenwaldes. Die Männchen suchen Stellen mit feuchtem Sand auf, um Wasser zu trinken, das gelöste Mineralstoffe enthält. Die Weibchen suchen nach

Atrophaneura polyeuctes

Atrophaneura polyceutes

*Aristolochia*-Arten, an die sie ihre Eier legen. Wie Untersuchungen ergeben haben, sind 50 Prozent aller Eier, die sie an diese Wirtspflanzen heften, von Schlupfwespen parasitiert. Raupe und Schmetterling sind ungenießbar. Viele Schmetterlinge ahmen das Farbmuster dieser giftigen *Atrophaneura* nach und werden daher ebenfalls von Insektenfressern gemieden (Mimikry).

Atrophaneura priapus

## *Atrophaneura priapus*

*Atrophaneura priapus* kommt nur auf Java vor; man findet die Art vom Meeresspiegel bis in 2000 m Höhe in den Bergen. Sie bevorzugt den Nektar von *Lantana*-Blüten. Innerhalb der Gattung *Atrophaneura* zeichnet sich diese Art durch ihre gelben statt warmen roten Töne aus. Die Weibchen sind weit blasser gefärbt als die Männchen. Der weiße Kopf ist typisch für einige Vertreter der Gattung.

## *Atrophaneura varuna*

*Atrophaneura varuna* hat ein Verbreitungs-

Atrophaneura varuna

gebiet, das sich vom Nordosten Indiens über Burma, Thailand, Laos und Vietnam bis nach Malaysia erstreckt. Die Schwanzanhänge an den Hinterflügeln fehlen, wie es auch bei einigen anderen *Atrophaneura*-Arten der Fall ist. Der Schmetterling ist abgesehen von ein paar hellen Streifen auf den Vorderflügeln völlig schwarz. Seine Flügelspannweite beträgt 15 cm. Seinen englischen Trivialnamen *Batwing* - Fledermausflügel - verdankt er seiner dunklen Färbung und seiner Größe.

## *Battus philenor*

*Battus philenor* kommt vom Norden der USA bis nach Costa Rica vor. Männchen und Weibchen unterscheiden sich kaum.

Battus philenor

Battus polydamas

Beide Geschlechter haben geschwänzte Hinterflügel, wobei die Anhänge der Weibchen ein wenig länger sind. Die Hinterflügel der Männchen sind etwas leuchtender gefärbt und zeigen einen bläulichen Schimmer. Die Schmetterlinge besuchen die rosa- und orangefarbene Blüten vieler Pflanzenarten, um Nektar zu saugen. Die Weibchen legen ihre Eier an die Blätter giftiger Aristolochien ab; Raupe wie Schmetterling sind daher ungenießbar. Das Aussehen von *Battus philenor* wird von vielen anderen Schmetterlingsarten in Nordamerika nachgeahmt - ein wunderbares Beispiel für Mimikry.

Battus polydamas

## Battus polydamas

*Battus polydamas* hat ein großes Verbreitungsgebiet. Man findet diese Art in vielen Regionen von Nord- und Südamerika, und wir kennen zahlreiche geographische Formen. Charakteristisch ist die Reihe gelber Flecken, die sich am Rand der Hinterflügel dieses ansonsten schwarzen Schmetterlings entlangzieht. Der Farbunterschied zwischen Männchen und Weibchen ist nur geringfügig. Die Weibchen legen ihre Eier in Paketen an die Blätter mehrerer *Aristolochia*-Arten ab. Die Raupen bleiben in Gruppen zusammen und fressen die Blätter ihrer giftigen Wirtspflanze. Raupen und Schmetterlinge sind daher ebenfalls giftig und für Vögel und andere Insektenfresser ungenießbar. Einige Schmetterlinge dieser Art können drei Monate alt werden.

Bhutanitis lidderdalei

## Bhutanitis lidderdalei

*Bhutanitis lidderdalei* ist der bekannteste der vier Vertreter dieser außergewöhnlichen Schmetterlingsgattung. *B. mansfieldi* und *B. thaidina* kommen in einigen chinesischen Provinzen vor und sind sehr selten; *B. ludlowi* ist nur in Bhutan zu finden. Das Verbreitungsgebiet von *Bhutanitis lidderdalei* erstreckt sich von Bhutan über Nordindien, Burma und Thailand bis zur Grenze von Südchina. Die größte Bedrohung für den Bestand dieses Schmetterlings ist die weiträumige Abholzung der thailändischen Wälder. *Bhutanitis lidderdalei* lebt in den bewaldeten Regionen des Himalajagebirges in Höhen zwischen 1500 und 3000 m. Wenn der Schmetterling ruhig dasitzt, breitet er seine Vorderflügel über die bunte Zeichnung der Hinterflügel, sodass er kaum zu sehen ist. Wird er gestört, entblößt er plötzlich die farbigen Flecken auf seinen Hinterflügeln, um Feinde zu erschrecken. Das gibt ihm die Chance, wegzufliegen, und dann ist er nur zu schwer zu fangen. Die Raupen von *Bhutanitis lidderdalei* ernähren sich von Pflanzen der Familie Aristolochiaceae.

## *Chilasa clytia*

*Chilasa clytia* ist ein Ritterfalter, der in Asien weit verbreitet ist. Daher sind viele Unterarten beschrieben worden, deren Verbreitung sich jeweils auf ein kleines Areal beschränkt. *Chilasa clytia* kommt in Indien, China, Thailand, Malaysia und auf vielen indonesischen und philippinischen Inseln vor. Auf den ersten Blick sieht der Schmetterling nicht wie ein Ritterfalter aus, denn es fehlen ihm die typischen geschwänzten Hinterflügel. Die Raupen ernähren sich von Aristolochien.

## *Cressida cressida*

*Cressida cressida* ist der einzige Vertreter der Gattung *Cressida*. Der Schmetterling ist in Neuguinea und Australien zu Hause. Gewöhnlich flattern die Männchen und Weibchen langsam herum, doch im Notfall können sie sich blitzschnell in Sicherheit bringen. Die Weibchen sind allgemein blasser gefärbt, denn sie verlieren recht früh viele der pigmenthaltigen Schuppen auf ihren Flügeln. Männchen sind viel intensiver gefärbt und sehen genau wie der giftige *Pachliopta polydorus* aus. *Cressida cressida* selbst ist ebenfalls ungenießbar, weil sich seine Rau

Chilasa clytia

Cressida cressida, *Weibchen*

Cressida cressida, *Männchen*

pen von Aristolochien ernähren, vorwiegend von *Aristolochia pubera* und *A. thozetti*. Beide Pflanzen wachsen in lichten Wäldern längs der Küste.

## Eurytides agesilaus

*Eurytides agesilaus* ist von Mexiko und Mittelamerika bis in weite Teile Südamerikas

Eurytides agesilaus

verbreitet. Dieser relativ kleine Schmetterling hat eine Flügelspannweite von 7–8 cm. Typisch für die Art sind die fünf parallelen Streifen an der Vorderkante der Vorderflügel. Mitten über die Unterseite der Hinterflügel verläuft neben dem schwarzen Streifen ein auffälliges rotes Band.

Euritides calliste

## Eurytides calliste

*Eurytides calliste* ist in Mittelamerika von Mexiko bis Panama beheimatet. Er bevorzugt feuchte Regenwälder auf Berghängen in 700–800 m Höhe. Dieser Schmetterling ist selten. Gewöhnlich sieht man lediglich einzelne Exemplare. Nur morgens lassen sich Männchen am Boden nieder, um an feuchten Stellen zu trinken. Sonst fliegen sie um die Baumwipfel. Sie sind pfeilschnell und schwer zu fangen; ihre Flügelspannweite misst 9 cm.

## Eurytides marcellus

*Eurytides marcellus* ist ein nordamerikanischer Schmetterling, der in Wäldern an Wasserläufen lebt. Diese Schmetterlinge sind sehr schnelle Flieger. Die Raupen ernähren sich von Pflanzen der Gattung *Annona* und *Asimina*. Die Schmetterlinge saugen Nektar aus *Croton*- und *Cordia*-Blüten. Nur die Männchen trinken Wasser aus Pfützen, die sich in der Regenzeit am Waldboden bilden. Typisch für *Eurytides*-Arten ist ein im Vergleich zur Flügelgröße sehr kurzer Körper.

Eurytides marcellus

Die Schwanzanhänge der Schmetterlinge der Frühjahrsgeneration sind sehr kurz, diejenigen der Sommergeneration hingegen außerordentlich lang. Daher rührt ihr Trivialname in den Vereinigten Staaten: *Swordtail* - Schwertschwanz.

Eurytides pausanias

## Eurytides pausanias

*Eurytides pausanias* ist ein seltener Schmetterling, der in Costa Rica und Panama vorkommt. In kleiner Zahl trifft man ihn auch in Kolumbien, Venezuela, Surinam, Nordbrasilien, Ecuador, Peru und Bolivien an. In vielerlei Hinsicht erinnert er im Aussehen und Flugverhalten an *Heliconius wallacei* oder *H. cydno*, doch *Eurytides pausanias*-Männchen besuchen Pfützen, um Wasser und insbesondere gelöste Mineralstoffe aufzunehmen, was *Heliconius*-Männchen nicht tun.

Eurytides philolaus

## Eurytides philolaus

Das Verbreitungsgebiet von *Eurytides philolaus* erstreckt sich von Mexiko bis in weite Teile von Südamerika. Der Schmetterling tritt das ganze Jahr über recht häufig und im Mai/Juni oft in besonders großer Zahl auf. Die Wirtspflanzen der Raupen sind *Sapranthus*-Arten (Annonaceae). Die Raupen fressen und ruhen auf den Blättern. Wenn sie voll ausgewachsen sind, verpuppen sie sich am Boden zwischen abgefallenen Blättern. Männchen und Weibchen unterscheiden sich im Aussehen (Habitus) kaum. Einige Weibchen sind jedoch fast vollständig schwarz.

## Graphium androcles

*Graphium androcles* ist ein recht großer Vertreter der Gattung *Graphium*. Dieser

Graphium androcles

Schmetterling kann eine Flügelspannweite von 9 cm erreichen; man findet ihn auf Celebes und den Sula-Inseln. *Graphium androcles* gehört zu den vielen Schmetterlingsarten, die nur auf Celebes vorkommen; solche Arten bezeichnet man als endemisch. Trotz seines begrenzten Verbreitungsgebietes ist dieser Schmetterling ein häufiger Anblick und gilt nicht als gefährdet.

## *Graphium antiphates*

Von *Graphium antiphates* kennt man zwölf Unterarten, die typisch für Teile des Verbreitungsgebietes sind. Dieser Schmetterling kommt in weiten Teilen Indiens, in Sri Lanka, Burma, Südchina, Thailand, Laos, Vietnam, Kambodscha, Malaysia und Indonesien vor. Er ist in den Regenwaldregionen, die nicht zu hoch liegen, ein recht häufiger Anblick. Erkennen kann man ihn an den fünf schwarzen Bändern auf seinen Vorderflügeln, die auch zu seinem englischen

Graphium antiphates

Graphium codrus

Trivialnamen *Five Band Swordtail* - Fünf-Bänder-Schwertschwanz - geführt haben. Die Raupen ernähren sich von Pflanzen der Familie Annonaceae.

## *Graphium codrus*

*Graphium codrus* lebt auf den Philippinen, Neuguinea, Bougainville und den restlichen Salomonen. Das Aussehen dieser Art ist sehr variabel. Das breite Band, das sich über die Vorderflügel zieht, kann verschiedene Farben, von hellgelb bis grün, aufweisen. Das Band der Männchen zeigt überdies einen metallischen Schimmer. Abgesehen davon sehen sich Männchen und Weibchen sehr ähnlich. *Graphium codrus* bewegt sich stets im Kronendach der Bäume und kommt nur an den Boden, um zu trinken, sei es Blütennektar oder den Saft faulender Früchte, aber auch Wasser aus Pfützen.

## *Graphium doson*

*Graphium doson* ist in Indien, Sri Lanka, China, Japan, Malaysia, Indonesien und auf den Philippinen beheimatet. Der Schmetterling hat große Ähnlichkeit mit *Graphium sarpedon*, doch anders als diese Art weist er eine Reihe von Flecken längs der Flügelränder auf. Die Männchen tragen auffällige Duftstreifen auf ihren Flügeln. Die Schmetterlinge sind rasche und nervöse Flieger. Die Weibchen legen ihre Eier an Pflanzen aus der Familie Annonaceae und Lauraceae (besonders gern

Graphium doson

an den Kampferbaum (*Cinnamonum*) ab. Tagsüber ruhen die Raupen auf den Blättern und sind kaum zu sehen. Die Puppe wird gewöhnlich an der Unterseite eines Blattes platziert, manchmal auch am Stamm oder an den Zweigen benachbarter Bäume.

## *Graphium illyris*

*Graphium illyris* ist in Westafrika von Guinea, Sierra Leone, Liberia, der Elfenbeinküste, Ghana, Togo und Benin bis nach Nigeria, Kamerun und Zaire verbreitet. Der Schmetterling lebt in Tieflandregenwäldern. Er zeichnet sich durch seinen lang geschwänzten Hinterflügel und den gelben Streifen aus, der sich über Vorder- und Hinterflügel zieht. Die Flügelspannweite beträgt 7–9 cm.

## *Graphium latreillanus*

*Graphium latreillanus* findet man in Westafrika von Sierra Leone, Liberia, der Elfenbeinküste, Ghana, Togo und Benin bis nach Nigeria, Kamerun, Zaire, Uganda und Angola. Er lässt sich anhand der hellgrünen und gelben Flecken auf den Vorder- und Hinterflügeln sowie der Reihe paralleler Streifen längs der Hinterkante der Hinterflügel erkennen. Seine Flügelspannweiter beträgt 6,5–9 cm.

Graphium illyris

Graphium latreillanus

## *Graphium ridleyanus*

*Graphium ridleyanus* ist in den tropischen Regenwäldern Afrikas weit verbreitet, von Sierra Leone bis nach Sambia und Angola. Aufgrund seiner typischen Form und seines rot-schwarzen Farbmusters sieht *Graphium ridleyanus* genau wie eine *Acraea*-Art aus, eine Schmetterlingsgattung, die außerordentlich schlecht schmeckt. Auch im Flugverhalten ähneln sich beide Arten sehr. Gemeinsam mit den Schmetterlingen, die sie so gut nachahmen, besuchen *Graphium rid-*

Graphium ridleyanus

*leyanus*-Männchen häufig Pfützen, um zu trinken. Daher werden sie auch als *Acraea*-Schwalbenschwänze bezeichnet.

## *Graphium sarpedon*

*Graphium sarpedon* hat cin großcs Vcrbrcitungsgebiet. Dieser Schmetterling mit dem auffälligen blauen Streifen ist in Korea, Japan, Indien, Burma, Thailand, den Philippinen, Indonesien und Australien zu Hause. Er lebt in bewaldeten Gebieten wie in offenem Gelände. Nektar saugt er am liebsten an *Lantana*-Blüten. Bei seinen Wirtspflanzen ist er nicht wählerisch; die Weibchen legen ihre Eier an Pflanzen aus fünf Familien, darunter Myrtaceae, Sapotacea und Lauracea. In Australien richten die Raupen manchmal Schäden an den Kampferbäumen an, die dort kultiviert werden.

## *Graphium weiskei*

*Graphium weiskei* findet man in den Regenwäldern von Neuguinea, in Höhenlagen zwischen 1200 und 2000 m. Männchen und Weibchen unterscheiden sich im Aussehen kaum, jedoch deutlich im Verhalten. Die Weibchen sieht man selten, während die Männchen in der Früh nach nektarführenden Blüten von Büschen und niedrigen Bäumen suchen. Sie versammeln sich an Stellen mit feuchtem Sand, um Wasser und gelöste Mineralsstoffe zu trinken. Dabei sind sie sehr aufmerksam. Werden sie gestört, fliegen sie sofort auf und lassen sich ein paar Meter entfernt nieder, um weiter zu trinken.

Graphium weiskei

Graphium sarpedon

Graphium weiskei

Iphiclides podalirius

Iphiclides podalirius, *der Segelfalter*

## *Iphiclides podalirius*

*Iphiclides podalirius*, der Segelfalter, ist in warmen bis sehr warmen Regionen Europas und Asiens verbreitet. Diese Schmetterlinge bevorzugen hüglige Regionen mit warmen, trockenen Plätzen und lockerem Buschbestand. In solchen Gegenden fliegen Männchen in großer Zahl um die Hügelspitzen. Die Raupen ernähren sich von Schlehenblättern. Sie wachsen ziemlich rasch, sind in einem Monat ausgewachsen und überwintern im Puppenstadium. Die Falter fliegen im Mai und Juni.

## *Lamproptera meges*

*Lamproptera meges* gehört zur Schwalbenschwanzfamilie und ist in Südostasien weit verbreitet, besonders in Burma, Malaysia, Indonesien und auf den Philippinen. Sein einziger Verwandter ist *Lamproptera curius,* der im Gegensatz zu *Lamproptera meges* einen weißen Streifen über den Flügeln trägt. Dieser ungewöhnliche Schmetterling bevorzugt sonnige offene Lichtungen in Wäldern am Ufer schnellströmender Bäche und Flüsse. Für einen Schwalbenschwanz ist er mit einer Flügelspannweite von nicht einmal 5 cm recht klein, dafür sind seine Schwänze außerordentlich lang. Ein Teil seiner Vorderflügel ist durchsichtig. *Lamproptera meges* hat einen tänzelnden Flug mit enorm

Lamproptera meges

schnellem Flügelschlag, sodass er beim Fliegen an eine Libelle erinnert. Erst wenn er sich niederlässt, wird deutlich, dass er ein Schmetterling ist. Auch wenn er sitzt, sind die Flügel ständig in Bewegung. Die Raupen ernähren sich von Pflanzen der Familie Combretaceae.

Ornithoptera alexandrae, *Weibchen*

Ornithoptera alexandrae, *Männchen*

## *Ornithoptera alexandrae*

*Ornithoptera alexandrae* ist der größte Tagschmetterling der Welt. Die Weibchen dieses Vogelfalters können es auf eine Flügelspannweite von 28 cm bringen. Die Verbreitung dieser Art beschränkt sich auf das kleine Regenwaldgebiet im Popondetta-Tal in Neuguinea. Das liegt hauptsächlich an der begrenzten Verbreitung der einzigen Pflanze, an die die Weibchen ihre Eier legen: *Aristolochia dielsiana*. Einzigartig ist dabei, dass die Weibchen hinsichtlich ihrer Wirtspflanze so außerordentlich wählerisch sind, die Raupen hingegen viel weniger. Wie Untersuchungen gezeigt haben, lassen sich die Raupen problemlos auf andere *Aristolochia*-Arten umsetzen. Die Entwicklung vom Ei zum Schmetterling dauert in der Regel vier Monate. Die Schmetterlinge selbst können bis zu drei Monate alt werden. *Ornithoptera alexandrae* hat wenig natürliche Feinde. Die Zerstörung seines Lebensraums durch die Anlage von Ölpalmen-, Kakao- oder Gummibaumplantagen stellt jedoch eine sehr ernste Bedrohung dar. Um diesen spektakulären Schmetterling vor der Ausrottung zu retten, sind Fang und Besitz verboten worden. Außerdem hat man die Wirtspflanze in Nachbarregionen angepflanzt und *Ornithoptera alexandrae* in entlegene Gebiete eingeführt, wo *Aristolochis dielsiana* ebenfalls wächst. Die wichtigste Maßnahme ist jedoch der Schutz der Wälder, in denen *Ornithoptera alexandrae* lebt.

Ornithoptera chimaera *auf Neuguinea*

Ornithoptera chimaera, *Weibchen*

Ornithoptera chimaera, *Männchen*

## *Ornithoptera chimaera*

*Ornithoptera chimaera* ist in Neuguinea und Japan beheimatet. Die Art lebt bevorzugt in Regenwäldern zwischen 1200 und 1800 m Höhe. Die Größe der Schmetterlinge variiert in beiden Geschlechtern stark: bei Männchen zwischen 7 und 15 cm, bei Weibchen zwischen 8 und 18 cm. Die Tiere sind kraftvolle Flieger, die im Gleitflug nach Nahrung suchen und abtauchen, wenn sie eine Blüte – besonders eine Hibiskusblüte – entdecken. In der Höhenlage, in der *Ornithoptera chimaera* lebt, hat seine Wirtspflanze, *Aristolochia momandul*, dicke, stabile Blätter. Deshalb fressen die kleinen Raupen an der Spitze der Pflanze, während sich die größeren Raupen von den älteren Blättern ernähren. Die Wirtspflanze gedeiht an Bach- und Flussufern in großer Zahl.

Ornithoptera croesus, *Männchen*

## *Ornithoptera croesus*

*Ornithoptera croesus* ist ein stark gefährdete Vogelfalterart, die man nur auf einigen wenigen Molukkeninseln findet. Der Schmetterling lebt in Tieflandregenwäldern mit Sumpfgebieten und in anderen tropischen Lebensräumen, die nicht leicht zugänglich sind. Dennoch ist die Art bedroht, denn gerade dort wachsen die kostbarsten Bäume, die es im Regenwald zu schlagen gibt. Oft werden in den Sumpfgebieten Insektizide gespritzt, um die Mücken zu töten, was für diese wundervollen Schmetterlinge natürlich verheerende Folgen hat. Die Weibchen können eine Flügelspannweite von fast 20 cm erreichen, während es die Männchen auf nicht mehr als 15 cm bringen. Die Art wurde erstmals im 19. Jahrhundert von Alfred Russel Wallace, einem Zeitgenossen Charles Darwins, gesammelt und beschrieben. Die golden schimmernden Flügel dieses Vogelfalters inspirierten ihn zu folgenden Sätzen: „Als ich den Schmetterling aus dem Netz nahm und seine wunderbaren Flügel auseinanderfaltete, begann mein Herz heftig zu pochen, und das Blut stieg mir in den Kopf. Ich fühlte mich mehr danach, in Ohnmacht zu fallen, als wenn ich dem Tode selbst gegenübergestanden hätte."

Ornithoptera croesus, *Weibchen*

## *Ornithoptera goliath*

*Ornithoptera goliath* ist in Neuguinea und auf den Molukken zu Hause. Die Art lebt in

Ornithoptera goliath *auf Neuguinea*

*Raupe von* Ornithoptera goliath

Ornithoptera goliath, *Männchen*

Ornithoptera paradisea, *Männchen*

Ornithoptera goliath, *Weibchen*

Ornithoptera paradisea, *Weibchen*

gebirgigen Regionen in tropischen Regenwäldern in Höhenlagen von 500–1500 m. Die Flügelspannweite der Weibchen kann bis zu 21 cm betragen. *Ornithoptera goliath* ist daher der zweitgrößte Tagschmetterling; der größte ist *Ornithoptera alexandrae* mit einer Flügelspannweite von 28 cm. *Ornithoptera goliath* hält jedoch mit einem Eidurchmesser von 4,7 mm den Rekord für die „größten Tagschmetterlingseier". Die Eier werden an Aristolochien abgelegt. Die Raupen wachsen relativ langsam, und es kann mehr als zwei Monate dauern, bis sie voll ausgewachsen sind.

## *Ornithoptera paradisea*

*Ornithoptera paradisea* ist ein wunderschöner Vogelfalter, der in kleinen Population im Norden von Papua-Neuguinea lebt. Das Männchen trägt arttypisch geschwänzte Hinterflügel. Männchen wie Weibchen kreisen gern im Kronendach von Wäldern an Berghängen und in Tälern umher. Die Wirtspflanze der Raupen ist ein seltener Vertreter der Aristolochienfamilie. Das Eistadium dauert fast zwei Wochen, das Raupenstadium sechs bis sieben Wochen, das Puppenstadium mehr als sechs Wochen. Die Schmetterlinge leben etwa drei Monate. Sie legen keine weiten Entfernungen zurück, sondern halten sich in einem recht begrenzten Gebiet auf. *Ornithoptera paradisea* gehört zu den wenigen Schmetterlingsarten, für die weltweit Schutzmaßnahmen in Kraft sind.

## *Ornithoptera priamus*

*Ornithoptera priamus* tritt in Australien, Neuguinea und Indonesien in vielen verschiedenen Formen auf. In Australien gibt es vier Unterarten, auf den umliegenden Inseln zehn. Die Männchen der Unterarten tragen verschiedene Flügelfärbungen, die

*Frisch gehäutete Vogelfalterraupe*

Ornithoptera priamus, *Puppe*

Ornithoptera Priamus, *Schmetterling*

Ornithoptera priamus, *Weibchen*

Ornithoptera priamus, *Raupe*

von Orange, Blau und Grün bis zu Goldfarben reichen; ihre Flügelspannweite beträgt rund 14 cm. Sie segeln im Kronendach der Bäume und kommen nur auf den Boden des Regenwaldes herab, um an den roten Blüten von Hibiskus- und *Lantana*-Sträuchern Nektar zu trinken. Die Weibchen halten sich regelmäßig in Bodennähe auf, wenn sie nach geeigneten Pflanzen zur Eiablage suchen. Die Wirtspflanzen für die Raupen sind Aristolochien, und die Weibchen legen ihre Eier oft an benachbarten Pflanzen ab. Offenbar werden viele Eier von Schlupfwespen parasitiert. Wenn sich das Ei nicht an der Wirtspflanze, sondern an einer Nachbarpflanze befindet, fällt es dem Parasiten deutlich schwerer, es zu entdecken. Die Raupen verzehren zuerst die Eischale und beginnen dann, die Wirtspflanze in raschem Tempo kahl zu fressen. Trotz ihrer Größe benötigen sie nur zwei Wochen, um ausgewachsen zu sein; manchmal fressen sie auch kleinere Raupen der eigenen Art. Gelegentlich ver-

Ornithoptera priamus urvillianus

Ornithoptera rothschildi, *Weibchen*

puppen sich die Raupen an Nachbarpflanzen, besonders dann, wenn die Wirtspflanze kahl gefressen ist.

## *Ornithoptera priamus urvillianus*

*Ornithoptera priamus urvillianus* ist eine auffällig blau gefärbte Unterart, die man auf den Bismarck- und den Salomon-Inseln findet.

## *Ornithoptera rothschildi*

Die Verbreitung von *Ornithoptera rothschildi* beschränkt sich auf das Arfak-Gebirge im Nordwesten von Neuguinea. Obwohl der Schmetterling nur in einem kleinen Gebiet lebt, gilt er nicht als gefährdet. An manchen Orten trifft man auf zahlreiche Vertreter dieser Art. *Ornithoptera rothschildi* ist bei Sammlern sehr beliebt, ist in Indonesien im Gegensatz zu vielen anderen *Ornithoptera*-Arten aber nicht gesetzlich geschützt. *O. rothschildi* sieht ein wenig wie *O. goliath* aus, doch die grünen Schillerfarben auf den Vorderflügeln der Männchen sind nicht so leuchtend; zudem ist der Schmetterling etwas kleiner. Die Flügelspannweite eines Weibchens beträgt nicht mehr als 15 cm. Die Schmetterlinge sind in den Bergen in einer Höhe von 1600 bis 2000 m zu Hause. Man findet sie in Schluchten und Tälern, wo sie vor starken Winden geschützt sind. Dieses Gebiet ist äußerst unzugänglich. Daher wissen wir einerseits nur sehr wenig über diesen Schmetterling, andererseits ist sein Lebensraum für die Holzindustrie uninteressant und sein Biotop nicht bedroht.

## *Ornithoptera tithonus*

*Ornithoptera tithonus* hat ein Verbreitungsgebiet, das sich auf den Westteil von Iryan

Ornithoptera rothschildi, *Männchen*

Ornithoptera tithonus, *Weibchen*

Jaya und einige wenige Nachbarinseln wie Walgeo, Misool und Salawati beschränkt. Die Art ist relativ groß; Weibchen können eine Flügelspannweite von 22 cm erreichen; bei den Männchen sind es gewöhnlich nicht mehr als 16 cm. *O. tithonus* lebt in Bergwäldern, kommt aber gelegentlich auch auf Meereshöhe herab. Obwohl *O. chimaera* dieselben Regionen in Neuguinea bevorzugt, kommen beide Arten nicht nebeneinander vor. *O. tithonus* ist wahrscheinlich das letzte Überbleibsel einer Schmetterlingsgruppe, die einst ein viel größeres Verbreitungsgebiet hatte. Daher ist er ebenfalls sehr gefährdet und in Indonesien gesetzlich geschützt. Es wird noch viel Arbeit nötig sein, um herauszufinden, welche ökologischen Bedingungen diese Art zum Überleben benötigt.

## *Ornithoptera victoriae*

*Ornithoptera victoriae* ist auf den Salomonen weit verbreitet. Die Weibchen, die eine Flügelspannweite von 18 cm erreichen können, tragen auf ihren schwarzen Flügeln weiße und gelbe Flecken. Die Männchen sind viel bunter gefärbt; ihre Flügel schillern in Grün, Gelb und Orange. Der Schmetterling ist nach Königin Victoria benannt worden; das erste Exemplar wurde Mitte des 19. Jahrhunderts für sie aus der Luft geschossen. Auch heute noch ist der Schmetterling bei Sammlern so begehrt, dass er geschützt werden muss. Aber nicht

Ornithoptera tithonus, *Männchen*

Ornithoptera victoriae, *Weibchen*

Ornithoptera victoriae, *Männchen*

die Sammler, sondern landwirtschaftliche Kultivierungsmaßnahmen, die viele natürliche Lebensräume haben verschwinden lassen, stellen die größte Bedrohung für diese Art dar.

## *Pachliopta aristolochiae*

*Pachliopta aristolochiae* ist in China, Burma, Laos, Kambodscha, Vietnam, Malaysia und Indonesien zu finden. Seine Wirtspflanze ist die giftige *Aristolochia tagala* (Aristolochiaceae). Die graurosa bis schwarz gefärbten Raupen speichern die giftigen Pflanzeninhaltsstoffe in ihrem Gewebe. Das macht Raupen und Schmetterlinge für Insektenfresser ungenießbar. Die auffällig rote Färbung ihres Körpers und das rot-weiße Flügelmuster warnen jeden Fressfeind vor der Giftigkeit der Schmetterlinge. Männchen und Weibchen sind im Aussehen kaum voneinander zu unterscheiden. Die Farbmuste-

Pachliopta aristolochiae

rung von *Pachliopta aristolochiae* wird von zahlreichen Schmetterlingsarten nachgeahmt. Abends versammeln sich Tausende von ihnen, um gemeinsam die Nacht zu verbringen.

## *Pachliopta hector*

Das Verbreitungsgebiet von *Pachliopta hector* beschränkt sich auf Sri Lanka sowie den Süden und Osten Indiens. Die Art ist in Indien geschützt, obwohl sie nicht als gefährdet gilt. Die Wirtspflanzen der Raupen gehören zur Familie der Aristolochien. Die roten und orangefarbenen Flecken auf der Flügelober- und Unterseite warnen jeden Fressfeind, dass dieser Schmetterling giftig ist. Diese Art dient als Vorbild für einen Typus von *Papilio polytes*-Weibchen. Man findet *Pachliopta hector* sowohl auf Meereshöhe wie im Bergland bis zu Höhen von mehr als 2500 m. Die Schmetterlinge bevorzugen den Nektar von *Lantata*-Blüten. Nachts sammeln sie sich in großer Zahl an gemeinsamen Schlafplätzen.

Pachliopta hector

Pachliopta kotzebuea

## *Pachliopta kotzebuea*

*Pachliopta kotzebuea* ist auf einigen philippinischen Inseln zu Hause; fünf Unterarten sind bekannt. Diese *Pachliopta*-Art hat gar keine weißen Flecken. Die roten Flecken und die rote Körperfärbung zeigen an, dass der Schmetterling ungenießbar ist, zumindest für Wirbeltiere, während sich Spinnen und Ameisen offenbar nicht abschrecken lassen. Er hält sich vorwiegend am Waldrand auf, wo er nach seiner Wirtspflanze *Aristolochia* Ausschau hält.

## *Pachliopta polydorus*

Das Verbreitungsgebiet von *Pachliopta polydorus* erstreckt sich über Indonesien, Neuguinea und viele andere Inselgruppen bis nach Australien. Infolge der Vielfalt und Größe dieses Verbreitungsgebiets kennen wir mindestens 33 Unterarten. *Pachliopta polydorus* ist kein schneller Flieger. Er hält sich bevorzugt am Rande des Regenwaldes auf. *Aristolochia tagala* und *A. thozetti* sind die Wirtspflanzen der Raupen. Innerhalb von 14 Tagen sind sie ausgewachsen und

Pachliopta polydorus, *Unterseite*

Papilio aegeus, *Männchen*

verpuppen sich. Die Puppen hängen an den Wirtspflanzen und sind als Samen oder Früchte getarnt. Nach drei Wochen schlüpfen die Schmetterlinge, die wegen der roten Warnfarben von Brustteil und Hinterleib sehr auffällig sind. Viele Biologen stellen *Pachliopta* und *Atrophaneura* in dieselbe Gattung (*Polydorus*).

## *Papilio aegeus*

*Papilio aegeus* ist in Neuguinea und Australien ein häufiger Anblick. Diese Schwalbenschwänze besuchen auch Parks und Gärten in den Städten. Sie sind gute Flieger, die bei Störung blitzschnell davonfliegen können. Ihre Wirtspflanzen sind *Microcitrus*-, *Halfordia*- und *Micromelium*-Arten sowie andere Pflanzen aus der Familie Rutaceae. Manchmal können sie an Zitrusgewächsen in Obstgärten Schäden anrichten. Die Färbung der Puppe hängt von ihrer Umgebung ab: An Blättern und Stängeln ist sie grün, an älteren Zweigen grau bis braun. *Papilio aegeus*-Männchen haben im ganzen Verbreitungsgebiet denselben Habitus, während es insbesondere in Neuguinea unterschiedliche

Papilio aegeus, *Weibchen*

Papilio aegeus, *Weibchen*

Papilio aegeus

Weibchenformen gibt. Diese weiblichen Schwalbenschwänze ähneln verschiedenen giftigen Schmetterlingsarten im selben Gebiet und werden daher von Vögeln gemieden.

## Papilio agestor

*Papilio agestor* ist in Nordindien, Burma, Thailand, China, Vietnam, Laos und Malaysia zu Hause. Er sieht gar nicht wie ein Schwalbenschwanz aus, sondern ist eine exakte Kopie von *Danaus sita*, einem hellbraunen, ungenießbaren Monarchfalter. *Papilio agestor* fliegt auch genauso wie sein Vorbild und hält seine Flügel in Ruhe auf die gleiche Weise wie der Monarch. Die Flügelspannweite beträgt 8–9,5 cm. *Papilio agestor*-Männchen patrouillieren ihr Revier, verjagen Eindringlinge und machen Weibchen ihrer Art den Hof. Die Weibchen legen ihre Eier an die Blätter von *Machilus*-Gewächsen aus der Familie Lauraceae (Lorbeergewächse).

Papilio agestor

## Papilio ambrax

Man findet *Papilio ambrax* auf einigen indonesischen Inseln, in Neuguinea und im Nordosten von Australien. Er kommt zwischen 0 und 1200 m Höhe vor. Die Wirtspflanzen der Raupen sind *Micromelum*, *Euodia*, *Zanthoxylum* und *Clausena*, allesamt Vertreter der Rutaceen. Man findet die Raupen auch in Obstgärten, wo Zitrusbäume wachsen. Männchen und Weibchen saugen ausgiebig Nektar an *Stachytarpeta*-Blüten. Nur die *Papilio ambrax*-Weibchen sehen genauso aus wie *Pachliopta polydorus* und verhalten sich auch wie ihr Vorbild. Gewöhnlich fliegt ein *Papilio ambrax*-Weibchen sehr ruhig umher. Wie ein Männchen schießt es nur davon, wenn es gestört wird. Ein *Pachliopta polydorus*-Falter versucht dagegen niemals, Feinden auf diese Weise zu entkommen, sondern fliegt ruhig weiter und verlässt sich auf seine Warntracht.

Papilio ambrax

Papilio ambrax

## *Papilio anactus*

*Papilio anactus* ist das ganze Jahr hindurch im östlichen Australien ein häufiger Anblick. Im Süden ist er von Oktober bis April anzutreffen. Die Schmetterlinge fliegen stets an sonnigen Plätzen. Die Wirtspflanze der Raupen sind *Eremocitrus glauca* und *Microcitrus australis* (Rutaceae). Außer von diesen einheimischen australischen Pflanzen ernähren sie sich von kultivierten Zitrusgewächsen. Der Lebenszyklus dieser Schmetterlinge, die im Sommer fliegen, dauert insgesamt etwa zwei Monate. Raupen, die im März/April schlüpfen, überwintern als Puppe. Die Färbung der Puppe hängt von der des Hintergrundes ab, an dem sie befestigt ist. Mit einer Flügelspannweite von 6 cm gehört *Papilio anactus* zu den kleinen Vertretern der Gattung *Papilio*.

Papilio anactus

Papilio anchisiades

## *Papilio anchisiades*

*Papilio anchisiades* kommt von Texas über Mexiko bis nach Brasilien vor. Der Schmetterling zeigt keine Vorliebe für spezielle Territorien. Sie bewohnen in großer Zahl eine Vielfalt natürlicher Lebensräume. Die Eier werden an *Casimiroa, Zanthoxylum* und *Citrus* abgelegt. Die Raupen fressen alle gleichzeitig und häuten sich auch zur selben Zeit. Wenn die Raupen nicht fressen, versammeln sie sich in großer Zahl um den Stamm der Wirtspflanze. Die Färbung der Puppe variiert und hängt vom Hintergrund ab. Die Schmetterlinge sind schwarz mit einem großen roten Fleck auf jedem Hinterflügel und gelegentlich etwas Weiß auf den Vorderflügeln. Damit ähneln sie den Weibchen giftiger *Parides*-Arten.

## *Papilio andraemon*

Auf *Papilio andraemon* trifft man nur auf Kuba, den Bahamas und den Cayman-Inseln. In Kuba ist er die häufigste *Papilio*-Art. In Jamaika, wohin dieser Schmetterling eingeführt wurde, wurde er zu einem Schädling auf Zitrusplantagen. In Kuba ist das nicht der Fall, weil er dort natürliche Feinde hat, die den Bestand unter Kontrolle halten. Die Flügelspannweite von *Papilio andraemon* beträgt 6–10 cm.

Papilio andraemon

Papilio antimachus

## *Papilio androgeus*

*Papilio androgeus* kommt von Mexiko bis Brasilien und Peru vor. Die Eier werden an *Zanthoxylum* und gelegentlich auch an *Cistrus* abgelegt. Nach der Ablage verfärben sich die zunächst grünen Eier und werden leuchtend gelb. Männchen und Weibchen dieser Art unterscheiden sich deutlich. Die Männchen sind gelb-schwarz und haben geschwänzte Hinterflügel. Die Weibchen hingegen sind dunkel mit grünlichem Schimmer. Diese Farbmusterung vermittelt Fressfeinden den Eindruck, sie seien ungenießbar. Bisher ist unbekannt, ob es sich dabei um Mimikry oder eine echte Warntracht handelt, weil der Schmetterling tatsächlich ungenießbar ist.

## *Papilio antimachus*

*Papilio antimachus* ist im tropischen Afrika zu Hause. Man findet ihn von den Regenwäldern an der Westküste Sierra Leones bis Uganda. *Papilio antimachus* ist der größte afrikanische Tagschmetterling; er kann eine Flügelspannweite von 23 cm erreichen. Die Weibchen ähneln den Männchen im Habitus, sind aber deutlich kleiner. Die Männchen suchen manchmal in Gruppen nach Nektar in den Blüten blühender Büsche oder trinken gemeinsam Wasser auf einer Pfütze. Die Weibchen lassen sich nie auf Waldlichtungen sehen, sondern halten sich vorwiegend im Kronendach der Bäume auf. *Papilio antimachus* kommt in seinem großen Verbreitungsgebiet nirgendwo häufig vor. Die Art gilt als selten, weil sie ausschließlich in ungestörten Regenwäldern lebt, und in vielen afrikanischen Regenwäldern werden in großem Stil Bäume gefällt. Nur in Ghana, Elfenbeinküste und Zaire sind Maßnahmen zum Schutz dieser Schmetterlinge unternommen worden. Da *Papilio antimachus* extrem giftig ist, hat die Art kaum natürliche Feinde.

Papilio androgeus, *Weibchen*

## *Papilio arcturus*

Man findet *Papilio arcturus* in Nordindien, Burma und China. Er lebt in den Bergwäldern des Himalajas in Höhen zwischen 1500 und 3500 m. Im Gegensatz zu *Papilio paris*, einem Schwalbenschwanz, der ihm sehr ähnelt, aber tropische Regionen bewohnt, bevorzugt *Papilio arcturus* kalte bis gemäßigte Gebiete. Seine Flügelspannweite beträgt 11–13 cm. Die Schmetterlinge werden von Hibiskus- und *Lantana*-Blüten

Papilio arcturus

angelockt, die Raupen findet man auf Rutaceen.

## *Papilio ascolius*

*Papilio ascolius* ist in Mittel- und Südamerika von Costa Rica bis Kolumbien zu Hause. Er ist ein recht seltener Bewohner tropischer Regenwälder in rund 1000 m Höhe. Die Männchen umkreisen die Spitzen der höchsten Bäume, während sich die Weibchen bevorzugt am Waldrand neben Wegen und Gewässerläufen aufhalten. Die Flügelspannweite dieser Art beträgt 12–13 cm. Trotz seiner Größe stellt *Papilio ascolius* eine wunderbare Imitation von *Lycorea*, einer Gattung giftiger Schmetterlinge aus der Familie der Danaiden, dar. Die Weibchen dieses Schwalbenschwanzes zeigen dieselbe langsame, ungewöhnliche Flugweise wie ihr giftiges Modell.

Papilio ascolius

Papilio bianor

## *Papilio bianor*

*Papilio bianor* ist in Indien, Burma, China, Korea und Japan zu Hause. Man hat ihn sogar schon in Höhen von mehr als 2000 m im Himalaja gefunden. Die Wirtspflanzen der Raupen gehören zur Familie der Rutaceen. Die Flügelspannweite dieser Art variiert zwischen 8,5 und 13 cm. Beide Geschlechter sind geschwänzt, und ihre Flügeloberflächen zeigen im Sonnenlicht einen grünlichen Schimmer.

## *Papilio cresphontes*

Das Verbreitungsgebiet von *Papilio cresphontes* erstreckt sich vom Süden der Vereinigten Staaten bis nach Mittelamerika. Die Art ist schwer von *Papilio thoas* zu unterscheiden. Die äußeren Geschlechtsorgane der Männchen sind anders gebaut und eine andere Wirtspflanze wird bevorzugt. *Papilio*

Papilio cresphontes

Papilio cresphontes

*thoas* legt seine Eier an Piperaceen, *P. cresphontes* ist weniger wählerisch und benutzt gelegentlich auch Lauraceen und Solanaceen. In der Regenzeit treten die Schmetterlinge in großer Zahl auf. Sie trinken nicht nur viel Nektar von einer breiten Palette von Blüten, sondern darüber hinaus auch die Flüssigkeit, die aus frischem Dung austritt.

## *Papilio dardanus*

*Papilio dardanus* ist in großer Zahl und in vielen verschiedenen Formen von Äquatorial- bis Südafrika verbreitet. Die Männchen sehen im ganzen Verbreitungsgebiet gleich aus: Es sind recht große, gelblich-weiße Schwalbenschwänze mit langen Schwanzanhängen. Die Weibchen ahmen, außer in Äthiopien, andere, giftige Schmetterlingsarten nach, die in derselben Region leben – bisher sind nicht weniger als hundert verschiedene Formen bekannt.

Papilio dardanus

Papilio dardanus, *Paarung*

Papilio dardanus, *Weibchen*

Papilio dardanus hippocoon

Papilio dardanus, *Männchen*

## *Papilio dardanus hippocoon*

*Papilio dardanus hippocoon* ist ein Bespiel dafür. Diese Unterart sieht genauso aus wie ein Schmetterling der Gattung *Amaurus*, eine Gruppe ungenießbarer Falter aus der Danaidenfamilie. Beide Geschlechter unterscheiden sich im Aussehen oft derart stark, dass erst dann, wenn sie sich paaren, deutlich wird, dass sie zu ein- und derselben Art gehören. Die Weibchen bleiben in der Regel im Schutz der Wälder, während die Männchen in vollem Sonnenlicht am Waldrand herumfliegen. Die Wirtspflanzen der Raupen sind *Teclea, Clausena* und *Citrus* (Rutaceae).

## *Papilio delalandei*

*Papilio delalandei* kommt ausschließlich auf Madagaskar vor. Wir wissen nur wenig über die Jugendstadien dieses Schwalbenschwanzes und die Anforderungen, die sein Lebensraum erfüllen muss. Er lebt in den Wäldern im Ostteil von Madagaskar. Obwohl Flora und Fauna dieser Insel allgemein gefährdet sind, trifft man diesen Schmetterling regelmäßig in großer Zahl an. Er hat eine Flügelspannweite von 9 cm und lässt sich leicht an den auffälligen grünen Flecken an der Vorderkante der Vorderflügel erkennen. Die Reihe gelber Flecken in der Mitte der Vorderflügel setzt sich auf den Hinterflügeln fort.

Papilio delalandei

*Die Raupe von* Papilio machaon, *dem Schwalbenschwanz*

mehr als 500 Eier, und in vielen Gegenden entwickeln sich zwei Generationen pro Jahr. Die Puppe überwintert. Die Puppen der Sommergeneration werden oft an krautigen Pflanzen befestigt, Puppen, die überwintern, an holzigen Pflanzen.

Papilio macilentus

## *Papilio macilentus*

*Papilio macilentus* ist ein Schwalbenschwanz, der durch seine ungewöhnlich langen Schwänze an den Hinterflügeln auffällt. Man findet ihn in Japan, Korea und China. Heute ist er in Korea selten geworden. Die Raupen leben auf Zitrusgewächsen.

Papilio memnon

Papilio memnon, *Weibchen*

## *Papilio memnon*

Das Verbreitungsgebiet von *Papilio memnon* reicht von Indien über Burma, China, Malaysia und Indonesien bis nach Japan. Es sind 13 Unterarten dieses Schwalbenschwanzes bekannt, die gewöhnlich eine Flügelspannweite von rund 15 cm haben. *Papilio memnon*-Männchen sehen anders aus als die Weibchen und fliegen im offenen Gelände umher, während die Weibchen in bewaldeten Regionen bleiben. Einige Weibchen dieser großen Schwalbenschwanzart tragen auffällig geschwänzte Hinterflügel. Die Raupen leben auf Rutaceen, zu denen auch die Zitrusgewächse gehören.

Papilio nephelus

## *Papilio nephelus*

Man findet *Papilio nephelus* in einem Verbreitungsgebiet, das sich von Burma über Thailand, Kambodscha, Malaysia und Indonesien bis nach China und Taiwan erstreckt. Von dieser Art gibt es viele Unterarten. Sein englischer Trivialname *Banded Helen* – Gestreifte Helene – bezieht sich auf seine Ähnlichkeit mit *Papilio helenus*.

Papilio nireus

## *Papilio nireus*

*Papilio nireus* ist in den tropischen und subtropischen Regionen Afrikas zu Hause. Man unterscheidet eine Reihe von Rassen, die über Vorder- und Hinterflügeln einen blaugrünen Streifen tragen, der im Sonnenlicht wunderbar schimmert. Nur die Männchen tragen auf der Unterseite ihrer Hinterflügel einen auffälligen weißen Streifen. *Papilio nireus* kommt sowohl in trockenen Gebieten als auch im Regenwald vor. Als Wirtspflanzen dienen verschiedene Rutaceen.

Papilio nobilis

## *Papilio nobilis*

Man findet *Papilio nobilis* häufig im Sudan, in Kenia, Uganda, Burundi, Ruanda, Zaire und Tansania. Er lebt in Hochlandwäldern bis zu einer Höhe von etwa 2500 m. Einerseits besitzt dieser Schmetterling die typische Schwalbenschwanzform, andererseits ist er untypisch hellgelb gefärbt und – wenn überhaupt – kaum gezeichnet. Die Wirtspflanze der Raupen ist die *Wahlenbergia*.

## *Papilio ophidicephalus*

Der Lebensraum von *Papilio ophidicephalus* erstreckt sich von Kenia über Tansania, Zaire, Malawi und Sambia bis nach Südafrika. Dieser Schmetterling ist recht häufig, und wir kennen in den verschiedenen Teilen sei-

Papilio ophidicephalus

nes Verbreitungsgebietes zehn Unterarten. Typisch für ihn sind die lang geschwänzten Hinterflügel und die auffälligen Augenflecken. Beide Geschlechter sehen gleich aus, wenn auch die Weibchen etwas größer sind. Die Flügelspannweite beträgt 9–13,5 cm. Die Schmetterlinge sind das ganze Jahr hindurch auf Lichtungen im Regenwald aktiv. Die Raupen von *Papilio ophidicephalus* ernähren sich von Zitrusgewächsen und anderen Rutaceen.

Papilio palamedes, *Unterseite*

## *Papilio palamedes*

*Papilio palamedes* ist ein großer, dunkler Schwalbenschwanz, der in den Vereinigten Saaten heimisch ist und Feuchtgebiete mit vielen Bäumen bevorzugt. Die Schmetterlinge trinken gerne aus Pfützen und saugen an

Papilio palamedes, *Oberseite*

einer Vielzahl von Blüten Nektar. Die Weibchen legen ihre Eier an Pflanzen der Gattung *Persea* und andere Lauraceen. Die Avocado gehört zu den bevorzugten Wirtspflanzen dieser Art.

*Papilio palinurus*

## *Papilio palinurus*

*Papilio palinurus* ist in Burma, Malaysia, Indonesien und den Philippinen zu Hause. Er ist einer der wenigen grünen Schmetterlinge, obwohl Grün doch offenbar eine ausgezeichnete Tarnfärbung ist. Das auffällige grün schimmernde Band steht in scharfem Kontrast zu der dunklen, bräunlich-grauen Unterseite. *Papilio palinurus* lebt in gebirgigen Regionen. Nur in Malaysia ist die Art lokal bedroht.

Papilio paradoxa

## *Papilio paradoxa*

Das Verbreitungsgebiet von *Papilio paradoxa* erstreckt sich von Nordindien über Burma, Thailand, Laos, Kambodscha und Indonesien bis zu den Philippinen. Trotz dieses riesigen Verbreitungsgebietes und der großen Anzahl von Unterarten gibt es nur zwei separate Farbvarianten dieses Schwalbenschwanzes. Beide sind Kopien eines Schmetterlings der Gattung *Euploea*. Schmetterlinge dieser Gattung sind ungenießbar. *Papilio paradoxa* ahmt ihr Aussehen nach, selbst den blauen Schimmer auf den Flügeln. Er kopiert gewöhnlich sogar das Flugverhalten seines Vorbilds, doch wenn er gestört wird, unterbricht er seinen langsamen Flug und bringt sich blitzschnell in typischer Schwalbenschwanz-Manier in Sicherheit.

Papilio paris

## *Papilio paris*

*Papilio paris* ist in tiefer gelegenen Regionen von Indien, Burma, Thailand, Laos, Malaysia und Indonesien sowie in den gebirgigen Regionen Chinas beheimatet. Die metallisch blauen Augenflecken auf den Hinterflügeln dienen dazu, Fressfeinde zu verwirren. Sie vermitteln den Eindruck, der Schmetterling sei der Kopf eines großen Tieres, und schrecken damit Feinde ab.

Papilio peranthus

## *Papilio peranthus*

*Papilio peranthus* ist auf zahlreichen Inseln im indonesischen Archipel zu Hause. Sonst wissen wir kaum etwas über diesen Schwalbenschwanz.

Papilio phorcas anorgei

## *Papilio phorcas*

*Papilio phorcas* ist in den Wäldern des tropischen Afrikas südlich der Sahara recht häufig. Sechs Unterarten sind beschrieben, die sich in der Größe und Tönung der grünen Flecken auf den Vorder- und Hinterflü-

Papilio phorcas phorbanta

geln unterscheiden. Auch die Länge der Schwänze an den Hinterflügeln kann beträchtlich variieren. Die Weibchen treten in zwei Farbvarianten auf. Die eine ähnelt den Männchen, die andere ist dunkelbraun mit gelben Flecken. *Papilio phorcas* ist ein relativ kleiner tropischer Schwalbenschwanz; seine Flügelspannweite beträgt 8–10 cm. Beide Geschlechter besuchen die Blüten von krautigen Pflanzen und niedrigen Büschen. Die Raupen fressen Blätter von Pflanzen der Gattung *Teclea* (Rutaceae).

Papilio pilumnus

## Papilio pilumnus

Man findet *Papilio pilumnus* nur in Mexiko und Guatemala. Dieser Schmetterling bietet mit seinem leuchtenden Gelb und seinen lang geschwänzten Hinterflügeln einen auffälligen Anblick. Dennoch wissen wir nur wenig über diese Art. Sie gilt nicht als gefährdet.

Papilio polymnestor, *Männchen*

Papilio polymnestor, *Weibchen*

## Papilio polymnestor

*Papilio polymnestor* trifft man regelmäßig in Sri Lanka und im Süden von Indien an. Die Art ist sowohl in Wäldern als auch in offenen Landschaften zu Hause und auch in städtischen Parks und Gärten zu finden. Weder Männchen noch Weibchen dieses Schwalbenschwanzes haben geschwänzte Hinterflügel. Ihre Flügelspannweite beträgt 13 cm. Die Männchen tragen eine charakteristische silbergraue Zeichnung auf der Oberseite ihrer Flügel. Die Zeichnung der Weibchen ist gewöhnlich blasser und häufig gelblich. Auf Sri Lanka unternimmt *Papilio polymnestor* regelmäßig Wanderungen über weite Strecken. Die Wirtspflanzen der Raupen gehören zur Familie Rutaceae.

## Papilio polytes

*Papilio polytes* ist in Südostasien von Indien über China bis nach Indonesien beheimatet. Von diesem Schwalbenschwanz sind viele

Papilio polytes, *Weibchen*

verschiedene Typen bekannt. Nicht nur die Männchen unterscheiden sich hinsichtlich Flügelform und -färbung von den Weibchen, sondern auch zwischen den Weibchen aus verschiedenen Regionen gibt es beträchtliche Unterschiede im Aussehen. Im Norden dieses riesigen Verbreitungsgebietes überwintert die Art. Die Puppe muss der Winterkälte widerstehen können. Die Raupen ernähren sich ausschließlich von Zitrusgewächsen (Rutaceae). Die Färbung der Puppe hängt von der des Hintergrundes ab. Die Puppe einer Raupe, die sich auf einem Blatt verpuppt, ist grün, diejenige einer Raupe, die sich am Stamm eines Baumes verpuppt, braun. Dadurch ist das Insekt bestens getarnt und braucht während der Metamorphose nicht um seine Sicherheit zu fürchten.

## *Papilio polyxenes*

*Papilio polyxenes* kommt in Kanada und in Nord- und Mittelamerika bis zum Amazonasgebiet in Südamerika vor. Der Bestand dieser Art ist an manchen Orten stark

*Papilio polyxenes*

Papilio polytes, *Männchen*

zurückgegangen, doch der Schmetterling erobert sich genauso rasch neue Lebensräume, wenn die Umweltbedingungen stimmen. Die Männchen sind territorial und „besetzen“ eine Hügelspitze. Dorthin kommen die Weibchen, um nach einem Geschlechtspartner Ausschau zu halten. Beide Geschlechter meiden schattige Plätze und fliegen in vollem Sonnenlicht auf der Suche nach Blüten umher. Wirtspflanzen sind *Apium* (Apiaceae) und *Foeniculum* (Umbellifera). Die Weibchen legen an einen Jungtrieb ein einzelnes Ei; sind nur größere Pflanzen verfügbar, legen sie an jede Pflanze mehrere Eier.

Papilio rex

## *Papilio rex*

Der Schwalbenschwanz *Papilio rex* lebt in höher gelegenen Waldgebieten in Nigeria, Kamerun, Sudan, Äthiopien, Zaire, Uganda und Kenia. Wir kennen mehrere Unterarten dieses „königlichen Schmetterlings“. Die Flügelspannweite beträgt 14 cm. Er ähnelt in Färbung und Zeichnung den giftigen *Danaus formosa*. *Papilio rex* ist jedoch viel größer als das Vorbild, dessen Aussehen und Verhalten er kopiert. In seinem Verbreitungsgebiet ist er häufig.

## *Papilio rumanzovia*

*Papilio rumanzovia* ist ein großer, auffälliger Schwalbenschwanz, der auf den Philippinen zu Hause ist. Die Geschlechter unterscheiden sich deutlich in der Färbung. Die Männchen treten nur in einer Form auf, die Weibchen hingegen in zahlreichen verschiedenen

Papilio rumanzovia, *Paarung*

Papilio rumanzovia, *Weibchen*

Formen; sie tragen auf der Oberseite ihrer Flügel breite rote Streifen oder ein auffälliges rot-weißes Muster. Beide Geschlechter weisen auf der Flügelunterseite unübersehbare rote Warnfarben auf, mit denen sie Feinde zu verscheuchen versuchen. Dabei müssen sie überzeugend wirken, denn diese Schmetterlingsart ist für Insektenfresser keineswegs ungenießbar. Sie kopiert lediglich eine tatsächlich giftige Art.

Papilio rumanzovia, *Weibchen*

Papilio thaiwanus

## *Papilio thaiwanus*

*Papilio thaiwanus* ist ein großer Schwalbenschwanz, der, wie sein Name schon andeutet, nur in Taiwan zu finden ist. Trotz eines derart begrenzten Verbreitungsgebietes gilt die Art nicht als gefährdet. Über das Leben dieses Schwalbenschwanzes wissen wir ansonsten kaum etwas.

Papilio torquatus, *Männchen*

## *Papilio torquatus*

*Papilio torquatus* hat ein Verbreitungsgebiet, das sich von Mexiko bis Bolivien erstreckt. Die Weibchen legen ihre Eier an Zitrusgewächse, die sie bis zu einer Höhe von 800 m suchen. Die Männchen sind gute und schnelle Flieger; sie halten sich bevorzugt an Waldrändern und auf Lichtungen auf. Morgens saugen sie Nektar; später suchen sie nach sandigen Ufern, um Wasser mit darin gelösten Mineralstoffen zu trinken. Die Weibchen bleiben im schattigen Teil des Waldes.

Papilio ulysses

## *Papilio ulysses*

*Papilio ulysses* ist auf Neuguinea, den Molukken, den Salomonen und in Australien zu Hause. Er ist ein typischer Bewohner des Regenwaldes. Wenn er am Waldrand über einen Fluss fliegt, kann man die wundervollen blauen Reflexe, die seine Flügel auf das Wasser werfen, noch in beträchtlicher Entfernung sehen. Beide Geschlechter weisen diese wunderschönen, irisierenden Farben auf. *Papilio ulysses*-Männchen reagieren sehr stark auf ein glänzendes Blau. Manchmal fliegen bis zu zehn Schmetterlinge hintereinander her. Die Männchen trinken an sandigen Uferstellen Wasser mit gelösten Mineralstoffen. Beide Geschlechter saugen Nektar an *Lantana*-Blüten. Die Weibchen legen ihre Eier an verschiedene *Euodia*-Arten (Rutaceae).

Papilio xuthus

## *Papilio xuthus*

*Papilio xuthus* ist in Japan, Korea und China zu Hause. Dieser Schmetterling sieht wie *Papilio machon*, der Schwalbenschwanz, aus. Ein wichtiger Unterschied ist die schwarze Färbung der Flügeläderung bei *Papilio xuthus*. Die Raupen ernähren sich

Papilio zagreus

von *Poncirus*-Arten und mehreren anderen Rutaceen. *Papilio xuthus* gehört zu den häufigsten Schmetterlingen in Japan; das gilt besonders für die Sommermonate.

## *Papilio zagreus*

*Papilio zagreus* ist ein südamerikanischer Schmetterling, den man in den tropischen Regionen von Kolumbien, Ecuador, Peru und Bolivien findet. Das orange-gelbe und schwarze Farbmuster dieses Schmetterlings, der eine Flügelspannweite von unter 12 cm

Papilio zalmoxis

aufweist, ähnelt dem eines giftigen Schmetterlings aus der Familie Heliconiidae. Die Ähnlichkeit ist so groß, dass der Schmetterling überhaupt nicht mehr wie ein Schwalbenschwanz aussieht – ein wunderbares Beispiel für Mimikry.

## *Papilio zalmoxis*

*Papilio zalmoxis* ist ein auffälliger Schmetterling aus den tropischen Regenwäldern Afrikas. Dieser blaue Riesenschwalbenschwanz kommt in Ländern wie Nigeria, Elfenbeinküste, Ghana, Kamerun, Nigeria, Gabun und Zaire vor. Die Oberseite der Vorder- und Hinterflügel ist lebhaft blau gefärbt, die Unterseite hingegen hellgrau, der Rumpf leuchtend gelb. Die Flügelspannweite der Weibchen beträgt nicht mehr als 15 cm, die Männchen bringen es hingegen auf 17 cm. Obwohl besonders die Männchen häufig gefangen werden, gilt diese Schwalbenschwanzart nicht als gefährdet.

Parides iphidamas

## *Parides iphidamas*

*Parides iphidamas* kommt in Mexiko und Peru vor. Alle *Parides*-Arten haben einen schwarzen Körper mit roten Punkten. Auch die Grundfärbung der Flügel ist schwarz. Die Männchen lassen sich am gefalteten Innenrand der Hinterflügel erkennen. Diese Falte enthält weiße, fadenförmige Duftschuppen. Während der Balz sitzt das Weibchen auf einer Pflanze, während das Männchen direkt über ihm herumflattert und ständig zu ihm hinabtaucht. Dabei kommen die Antennen des Weibchens in Kontakt mit den Duftschuppen des Männchens. Diese Fäden kann man manchmal bei der Paarung sehen.

*Raupen von* Parides iphidamas

Parides iphidamas

Die Weibchen der verschiedenen *Parides*-Arten ähneln einander stark. *Parides iphidamas* lässt sich am besten an den roten und manchmal auch grünen Flecken auf den Vorderflügel der Männchen erkennen. Wirtspflanze ist die giftige *Aristolochia*. Der Körper der ungenießbaren und leuchtend bunten Raupen ist von weißen, fleischigen Auswüchsen überzogen. Die Schmetterlinge bevorzugen bewaldete Gebiete und sind nicht selten. Die Weibchen halten sich überwiegend am Waldrand und auf Lichtungen auf, wo die Wirtspflanze wächst.

Parides photinus

## *Parides photinus*

*Parides photinus* ist von Mexiko bis Costa Rica zu finden. Typisch für diese Art ist eine Doppelreihe roter Flecken auf den Hinterflügeln, die überdies wunderbar bläulich schillern. Die Männchen fliegen in Gruppen an Plätzen umher, an denen es viele Blüten – insbesondere *Lantana*-Blüten – gibt, und versuchen einander zu verjagen. Die Weibchen besuchen solche Plätze morgens, um zu posieren und sich zu paaren. Nach der Paarung scheidet das Männchen eine Substanz in die Geschlechtsöffnung des Weibchens ab. Diese Substanz härtet aus und hindert das Weibchen für eine gewisse Zeit daran, sich mit anderen Männchen zu paaren. Nach der Paarung führt das Weibchen fast ein Einsiedlerleben. Es ist ständig auf der Suche nach frischen Blättern an jungen Aristolochien, an die es ein einzelnes Ei legt, um dann zur nächsten Pflanze weiterzufliegen. Daher findet man die Weibchen dieser Art in einem viel weiteren Gebiet als die Männchen.

Parnassius phoebus

Parnassius phoebus

## *Parnassius phoebus*

*Parnassius phoebus* ist in gebirgigen Regionen auf der nördlichen Hemisphäre zu Hause; sein Verbreitungsgebiet reicht von Frankreich über die Schweiz, Österreich, Kasachstan, Sibirien, China, Kamtschatka bis in den Westen der Vereinigten Staaten und nach Kanada. Es sind 45 Unterarten dieses Schmetterlings bekannt, die sich an Hand von Zahl und Größe der roten Flecken auf den Flügeln unterscheiden lassen. *Parnassius phoebus* ist ein relativ kleiner Apollofalter; seine Flügelspannweite beträgt 5,5–6 cm. Die Schmetterlinge leben auf Bergwiesen in einer Höhe von 1500 m und mehr. Die Weibchen legen ihre Eier an *Sedum-*, *Saxifraga-* und *Sempervivum*-Arten, an denen diese überwintern. Die Art gilt weltweit nicht als bedroht, doch in den Alpen ist sie so selten geworden, dass sie unter Schutz gestellt wurde.

Pharmacophagus antenor

## *Pharmacophagus antenor*

*Pharmacophagus antenor* ist ein großer Ritterfalter mit einer Flügelspannweite von 13,5 cm, der nur auf Madagaskar vorkommt; auf dem afrikanischen Kontinent ist er bisher noch nicht nachgewiesen worden. Einige Biologen ordnen ihn in die Gattung *Parides* ein, andere in die Gattung *Atrophaneura*. Genau wie die Schmetterlinge dieser Gat-

Pharmacophagus antenor

tung weisen die auffälligen roten Warnfarben an Rumpf und Flügeln von *Pharmacophagus antenor* darauf hin, dass diese Art ungenießbar ist. Die Wirtspflanzen der Raupen gehören zur Familie Combretaceae. Obwohl diese schönen Schmetterlinge stark

Teinopalpus imperialis, *Weibchen*

bejagt werden, um sie an Touristen zu verkaufen, kommen sie auf Madagaskar noch immer in großer Zahl vor.

## *Teinopalpus imperialis*

Von den drei Arten, die zur Gattung *Teinopalpus* gehören, ist *Teinopalpus imperialis* die bekannteste. *T. aureus* und *T. behludinii* aus dem südlichen China sind so selten, dass wir sie nur von Museumsexemplaren her kennen. *Teinopalpus imperialis* kommt verstreut in Nordindien, Nepal, Bhutan, Burma und Südchina vor. Er ist sehr selten und hält sich bevorzugt in dichten Wäldern in Höhen von 2000–3500 m auf. Zu Gesicht bekommt man ihn höchstens an sonnigen Tagen mor-

Teinopalpus imperialis, *Männchen*

gens auf Lichtungen, wenn die Männchen kommen, um an Pfützen Wasser mit darin gelösten Mineralstoffen zu trinken. Auf Blüten sind diese Schmetterlinge nie zu finden. Die Weibchen haben eine Flügelspannweite von 12 cm und sind damit beträchtlich größer als die Männchen. Auch die Färbung beider Geschlechter unterscheidet sich derart stark, dass man sie lange für Vertreter verschiedener Arten hielt. Die Männchen verteidigen ihr Revier gegen Artgenossen. Die besten Plätze dafür sind Hügelkuppen, die von Wald umgeben ist; dann kann man beobachten, wie die Männchen einander um die Kuppe jagen. Die Wirtspflanze von *Teinopalpus imperialis* ist eine *Daphne*-Art (Thymeleaceae), ein Strauch, der im Unterholz von Eichenwäldern wächst. Die Raupen verpuppen sich Ende September und überwintern dann. Die ersten Schmetterlinge kann man im Mai fliegen sehen, die letzten im Juli. In Indien kommt es manchmal zu einer zwei-

*Frisch geschlüpfter* Trogonoptera

Trogonoptera brookiana

ten Generation. Die größte Gefahr für diese Art ist die zunehmende Entwaldung, die zum Verschwinden der Wirtspflanze führt. Bisher hat nur Nepal Maßnahmen zum Schutz dieses Schmetterlings ergriffen.

## *Trogonoptera brookiana*

*Trogonoptera brookiana* ist ein sehr auffälliger Schmetterling, der in Malaysia und Indonesien zu Hause ist. Seine Flügelspannweite

Trogonoptera brookiana, *Weibchen*

Trogonoptera brookiana, *Männchen*

beträgt mehr als 15 cm. Die Weibchen lassen sich an dem weißen Fleck an der Spitze der Vorderflügel und an der Reihe weißer Flecken am Rand der Hinterflügel erkennen. Die Männchen trinken Wasser aus Pfützen oder am Flussufer. Die Weibchen, die sich meist in Höhenlagen von 750 m aufhalten, legen ihre Eier an Aristolochien. Obwohl diese Art nicht kurzfristig vom Aussterben bedroht ist, sind dennoch Schutzmaßnahmen ergriffen worden, weil jedes Jahr Zehntausende dieser Schmetterlinge zu Bildern verarbeitet werden, die an Touristen verkauft werden.

Trogonoptera trojana, *Männchen*

Trogonoptera trojana, *Weibchen*

*Trogonoptera trojana*, ein Ritterfalter, der wie *T. brookiana* aussieht, ist auf der philippinischen Insel Palawan zu Hause. Der wichtigste äußerliche Unterschied zwischen diesen beiden Arten ist der viel schmalere grüne Streifen über den Hinterflügeln bei *Trogonoptera trojana*, die viel kürzeren „Zungen" auf den Vorderflügeln und die blau schillernden Flecken auf den Hinterflügeln des Männchens.

## Troides haliphron

Man findet *Troides haliphron* auf mehreren Inseln des indonesischen Archipels; die wichtigsten sind Celebes, Sumba, Sumbawa und Flores. Dieser Vogelfalter ist weder selten noch gefährdet, ist aber dennoch von der indonesischen Regierung unter Schutz gestellt worden. Wir kennen mindestens neun Unterarten von *Troides haliphron*, die alle spezifisch für die Insel sind, auf der sie vorkommen. Verwandte Arten, wie *T. socrates* und *T. iris* lassen sich kaum von *T. haliphron* unterscheiden.

Troides haliphron

## Troides helena

*Troides helena* hat ein Verbreitungsgebiet, das sich von Sri Lanka über Indien, Burma, Thailand, Vietnam und Malaysia bis nach Neuguinea erstreckt. Es sind mindestens 17 Unterarten beschrieben worden. Das wichtigste äußerliche Unterscheidungsmerkmal zwischen den Geschlechtern ist die Reihe schwarzer Punkte in dem goldgelben Feld auf den Hinterflügeln der Weibchen. *Troides helena* fliegt am liebsten hoch. Er ist der häufigste Vogelfalter.

## Troides hypolitus

Man findet *Troides hypolites* auf Celebes und zahlreichen Molukkeninseln. Er ist der größte Vertreter der Gattung *Troides*. Die

Troides hypolitus

Troides helena

Flügelspannweite der Weibchen kann mehr als 20 cm betragen. Das Männchen zeichnet sich durch rote und schwarze Flecken am Abdomen aus, während das Weibchen eine gelbliche Tönung aufweist. Die Raupen ernähren sich von Aristolochien. Die giftigen Inhaltsstoffe dieser Wirtspflanze werden im Körper der Raupen gespeichert, was sie für Insektenfresser ungenießbar macht. Die auffällig goldgelb gefärbten Hinterflügel von *Troides*-Schmetterlingen warnen vor dieser Ungenießbarkeit.

## *Troides oblongomaculatus*

*Troides oblongomaculatus* kommt in weiten Gebieten von Indonesien und Neuguinea in Höhen von 0–800 m vor. Man findet ihn überall dort, wo seine Wirtspflanze *Aristolochia tagala* (Aristolochiaceae) wächst. Die Geschlechter dieser Art unterscheiden sich äußerlich praktisch nicht. Man kann die Männchen an der Einfaltung am Innenrand ihrer Hinterflügel erkennen, welche die Duftschuppen enthält. Sie suchen nach frisch geschlüpften Weibchen und paaren sich mit ihnen, noch bevor deren Flügel rich-

Troides oblongomaculatus

Troides oblongomaculatus

tig getrocknet sind. Diese großen goldenen Schmetterlinge besuchen besonders gern rote Hibiskusblüten, um Nektar zu saugen.

## *Troides rhadamanthus*

*Troides rhadamanthus* ist ein „Goldener Vogelfalter", der auf verschiedenen philippinischen Inseln zu Hause ist. Die gelben Spitzen der Hinterflügel haben manchmal einen wunderbaren Violettschimmer. Die Wirtspflanze der Raupen ist *Aristolochia tagala* (Aristolochiaceae). Im Gegensatz zu den meisten anderen Ornithoptera sind Vogelfalter der Gattung *Troides* nicht unmittelbar vom Aussterben bedroht, dennoch stehen auch sie unter Schutz.

## *Zerinthia polyxena*

*Zerinthia polyxena*, der Osterluzeifalter, bewohnt felsige Regionen in Süd- und Mitteleuropa. Die Wirtspflanzen der Raupen sind verschiedene *Aristolochia*-Arten wie die Osterluzei. Sie überwintern als Puppe. Dieser außerordentlich stark gefährdete Schmetterling fliegt im April und Mai. Pro Jahr entwickelt sich eine Generation. Der Osterluzeifalter ist ein auffälliger, schwarz-gelb gezeichneter Schmetterling; die Weibchen sind beträchtlich größer als die Männchen.

Troides rhadamanthus

Zerinthia polyxena

Delias eucharis

# 8 Pieridae – Weißlinge

Die Familie der Weißlinge umfasst mehr als 2000 Arten, die ungeachtet ihres Familiennamens ganz unterschiedlich gefärbt sein können. Viele Weißlinge sind alles andere als weiß, sondern leuchten gelb oder orange. Der englische Name für Schmetterling – butterfly – bedeutet so viel wie „butterfarbene Fliege“ und bezieht sich ursprünglich auf den Zitronenfalter. Oft sind Weißlinge die häufigsten Schmetterlinge in einer bestimmten Region. Das gilt auch für Deutschland; dort sind es die verschiedenen Kohlweißlinge, die in großer Zahl auftreten.
Die Eier der Weißlinge sind haspelförmig und gewöhnlich weiß oder gelblich gefärbt.

*Ein Weißling der Gattung* Pareronia

Die schlüpfenden Raupen sind glatt. In vielen Fällen fressen sie zusammen in großen Gruppen und entblättern ihre Futterpflanze völlig. Vor dem Verpuppen spinnen sie einen Gürtel, um sich an einem Stängel zu befestigen (Gürtelpuppen). Die Puppen sehen stets wie ein Teil der Pflanze aus, sei es wie ein Blatt, eine Blüte oder eine Knospe. Beide Geschlechter besuchen Blüten, um dort Nektar zu saugen. Die Männchen versammeln sich oft zu Hunderten an einer schlammigen oder sandigen Uferstelle, um Wasser mit darin gelösten Mineralstoffen zu trinken. Dabei handelt es sich gewöhnlich um die frischfarbenen, gerade erst geschlüpften und daher unbeschädigten

*Ein Wanderfalter der Gattung* Colias

männlichen Weißlinge. Sie benötigen eine gewisse Menge an Mineralstoffen, um die Pheromone zu synthetisieren, die sie bei der Werbung um eine Partnerin benötigen. Verschiedene Weißling-Arten, insbesondere Vertreter der Gattungen *Pieris* und *Colias*, zeigen Wanderverhalten. Die Ursachen dafür sind noch unklar.

Anteos clorinde

Anthocharis cardamines, *ein männlicher Aurorafalter*

## *Anteos clorinde*

Das Verbreitungsgebiet von *Anteos clorinde* erstreckt sich vom Süden der Vereinigten Staaten, Texas und Arizona, über Mittelamerika bis nach Brasilien. Die Wirtspflanze der Raupen ist *Senna spectabilis. Anteos clorinde*-Männchen tragen auf der Oberseite ihrer Vorderflügel einen auffälligen gelben Fleck. Überdies weisen sie in der Mitte der Vorder- und Hinterflügel gelb umrandete Flecken auf.

Anthocharis cardamines, *ein weiblicher Aurorafalter*

## *Anthocharis cardamines*

*Anthocharis cardamines*, der Aurorafalter, kommt in Europa und in den gemäßigten Regionen Asiens vor. Die Raupen ernähren sich von Wiesenschaumkraut (*Cardamine pratensis*) und Knoblauchrauke (*Alliaria petiolata*) (Cruciferae). Der Schmetterling verdankt seinen Namen den auffallenden orangefarbenen Flecken an der Spitze der

*Die Raupe von* Anthocharis cardamines

Vorderflügel der Männchen. Die Raupen wachsen im Frühsommer rasch heran; dann fressen sie die Blüten und die unreifen Samen ihrer Wirtspflanzen. Der Aurorafalter überwintert als Puppe. Das Puppenstadium kann unter Umständen fast ein Jahr dauern. Pro Jahr entwickelt sich eine Generation. Die Flugzeit der Falter ist April und Mai.

## *Aporia crataegi*

*Aporia crataegi*, der Baumweißling, kommt in Nordafrika, Europa und Asien vor. Er ist ein auffälliger Schmetterling mit schwarzer Äderung auf fast durchsichtigen Flügeln. Wirtspflanzen sind Weißdorn (*Crataegus*) und Schlehdorn (*Prunus* sp.). Die Raupen leben und fressen den Sommer über in großen Gruppen zusammen in einem Gespinst, in dem sie auch überwintern. Wenn die Wirtspflanzen im Frühling wieder Knospen ansetzen, können die Raupen weiterfressen und -wachsen. Jedes Jahr gibt es nur eine Generation. Die Schmetterlinge, die

Appias epaphia, *Weibchen*

Aporia crataegi, *der Baumweißling*

Appias epaphia, *Männchen*

Appias nero

nur ein bis zwei Wochen leben, fliegen im Juni und Juli. Sie bevorzugen Waldrandgebiete.

## *Appias epaphia*

*Appias epaphia* ist einer der wenigen afrikanischen Vertreter dieser Gattung, die ansonsten vorwiegend in Südostasien und Australien lebt. Diese Schmetterlinge sind in den Tropen ein häufiger Anblick, und sie wandern manchmal in großer Zahl. Dann treten sie plötzlich in einem Gebiet massenweise auf, um genauso plötzlich wieder zu verschwinden. *Appias epaphia* ist für einen *Appias*-Vertreter relativ klein; seine Flügelspannweite beträgt lediglich 5 cm. Die Männchen sind fast vollständig weiß, nur die Spitze der Vorderflügel ist schwarz umrandet. Die Weibchen tragen breite schwarze Streifen auf den Flügeln. Als Wirtspflanzen dienen den Raupen mehrere *Capparis*-Arten (Capparidaceae).

## Appias nero

*Appias nero* ist in Indien, Burma, Malaysia und auf vielen philippinischen und indonesischen Inseln sehr häufig. Dieser leuchtend orangefarbene Schmetterling hat eine Flügelspannweite von 7 cm. Die Vorderflügel laufen auffallend spitz zu. Die Männchen sammeln sich häufig an den sandigen Ufern von Wasserläufen, welche die Wälder durchziehen. Die Weibchen bleiben im Wald und fliegen oft im Kronendach herum. Die Raupen ernähren sich von *Capparis*-Arten (Capparidaceae).

Appias pandione

## Appias pandione

*Appias pandione* ist in Indien, Pakistan, Burma, Thailand und Indonesien heimisch. Die Schmetterlinge fliegen von Februar bis Mai in Höhenlagen bis zu 2000 m. Beide Geschlechter sind gute Flieger, denen man sich nur schwer unbemerkt nähern kann. Die Weibchen zeigen mehr Schwarz auf den Flügeln als die Männchen. Da beide Geschlechter in Trockenzeiten weniger schwarz gefärbt sind, gibt es von dieser Art verschiedene Formen. *Appias pandione* hat ein Flügelspannweite von 5,5–8 cm.

## Catopsilia florella

Das Verbreitungsgebiet von *Catopsilia florella* reicht von Afrika bis nach China und Malaysia. Die Männchen sind weiß und tragen in der Mitte ihrer Vorderflügel einen auffallenden schwarzen Fleck. Die Färbung der Weibchen variiert von Weiß bis Gelb. Die Wirtspflanze der Raupen ist *Cassia* (Leguminosae). In seinem afrikanischen Verbreitungsgebiet ist *Catopsilia florella* ein Wanderfalter.

Catopsilia florella

## Catopsilia pomona

*Catopsilia pomona* ist in Indien, Pakistan, in weiten Teilen Südostasiens, in Australien und auch auf Madagaskar und Mauritius zu finden. In verschiedenen Teilen des Verbreitungsgebietes kann man regelmäßig Wanderzüge Tausende dieser Schmetterlinge beobachten. In Australien wird *Catopsilia pomona* als „Lemon Migrant“ – „Limonenwanderer“ – bezeichnet. Die Wirtspflanze der Raupen ist *Cassia* (Leguminosae). Wenn die Raupen ruhen, schmiegen sie sich gegen die Hauptblattader und sind dann außerordentlich schwer zu entdecken. Im Sommer wachsen sie

Catopsilia pomona

Catopsilisa scylla, *Flügel geöffnet*

so rasch, dass sie nach nur zwei Wochen bereits ausgewachsen sind. Der Schmetterling hat eine Flügelspannweite von 6,5–7 cm.

## *Catopsilia scylla*

*Catopsilia*-Arten sind weltweit verbreitet, doch sie kommen gehäuft in den tropischen Regionen Südostasiens vor. *Catopsilia scylla* lebt in Thailand, Malaysia und auf den Molukken. Die Oberseite der Vorderflügel ist weiß mit schwarzem Rand, die Hinterflügel sind gelb.

Catopsilia scylla, *Flügel geschlossen*

Colias electo

Die Unterseite der Vorder- und Hinterflügel ist gelb mit wenigen braunen Flecken. Die Wirtspflanze ist *Cassia* (Leguminosae).

## *Colias electo*

*Colias electo* ist ein afrikanischer Vertreter einer Schmetterlingsgattung, die man fast ausschließlich auf der nördlichen Halbkugel findet. Die Art ist in Afrika recht häufig und lebt vorwiegend in höher gelegenen, offenen Graslandschaften. Die Flügelunterseite ist gelb, die Oberseite orange; Vorder- und Hinterflügel

Colias hyale, *die Goldene Acht*

Colias hyale, *Paarung*

sind schwarz gesäumt. Die Flügelspannweite des Schmetterlings beträgt 5,5 cm.

## Colias hyale

*Colias hyale*, die Goldene Acht (auch Gemeiner oder Gelber Heufalter, Weißklee-Gelbling), lebt in den gemäßigten und wärmeren Regionen von Europa und Asien. Die Männchen sind lebhaft gelb, die Weibchen hellgelb gefärbt. Der Schmetterling ruht stets mit über dem Rücken gefalteten Flügeln. Daher lässt er sich nur dann von dem orangefarbenen Posthörnchen (*C. croceus*) unterscheiden, wenn er fliegt und seine Flügeloberseiten zeigt. *Colias hyale* legt seine Eier vorwiegend an den Wirtspflanzen Luzerne, Kronwicke und Klee ab. Pro Jahr entwickeln sich in der Regel zwei Generationen. Die Raupen wachsen im Spätsommer, überwintern als noch nicht verpuppungsreife Tiere und wachsen bei Frühjahrsanbruch weiter. Ihre Entwicklung kann bis zu acht Monate dauern. Die zweite Raupengeneration entwickelt sich in weniger als einem Monat.

Delias belladonna, *Oberseite*

## Delias belladonna

*Delias belladonna* kommt in Indien, Pakistan, China, Burma und Indonesien recht häufig vor. Er bevorzugt gebirgige Regionen bis zu einer Höhe von 3000 m. Gern besucht er nektarreiche Blüten wie die der *Buddleia* (Sommerflieder, Schmetterlingsstrauch) und ist von April an aktiv. In einigen Gegenden bringt es *Delias belladonna* auf drei Generationen im Jahr. Die Art zeigt ein langsames Flugverhalten, kann sich aber bei Gefahr blitzschnell in Sicherheit bringen. Typisch sind die leuchtend gelben Flecken an der

Delias belladonna, *Unterseite*

Delias descombesi, *Unterseite*

Delias descombesi, *Oberseite*

Basis der Hinterflügel, die auf der Ober- und auf der Unterseite sichtbar sind. Die Flügelspannweite beträgt 7–9 cm.

## Delias descombesi

Das Verbreitungsgebiet von *Delias descombesi* reicht von Indien und Pakistan über Südostasien bis nach Indonesien. Die Art lebt in den warmen Tälern am Fuße des Himalajas bis in Höhen von 1500 m. Die Schmetterlinge sind von März bis Dezember aktiv und eifrige Blütenbesucher. Ihre Flügelspannweite beträgt 6,5–9 cm. Die Flügeloberseite ist fast weiß, die Unterseite der Hinterflügel hingegen ist lebhaft orange gefärbt und trägt zwei auffällige rote Flecken.

## Delias eucharis

*Delias eucharis*, ein Weißling mit einer leuchtend gefärbten Unterseite, ist in Indien, Burma, Malaysia, auf den Philippinen, Neuguinea und in Australien zu Hause. Die Weibchen legen ihre Eier an die Blätter von Misteln (Loranthaceae), einer Schmarotzerpflanze, ab. Misteln sind die einzige Futterpflanze, die die Raupen akzeptieren. Sie leben in großen Gruppen in einem geräumigen, selbstgesponnenen Seidengespinst.

Delias henningia

## Delias henningia

*Delias henningia* ist ein überwiegend schwarzer Weißling, der auf den Philippinen heimisch ist. Sein Farbmuster ist sehr variabel. Die Männchen finden sich an sumpfigen Plätzen zu großen Gruppen zusammen, um Wasser mit gelösten Mineralstoffen zu trinken. Die Raupen ernähren sich von Pflanzen der Familie Loranthaceae; sie leben gemeinsam in einem geräumigen Gespinst und spinnen ständig Seidenfäden. Wenn eine Raupe vom Zweig fällt, hängt sie an einer Art Rettungsleine, an der sie wieder ins Gespinst zurückkrabbeln kann.

Delias mysis, *Unterseite*

Delias mysis, *Oberseite*

## *Delias mysis*

*Delias mysis* kommt in Neuguinea und Australien vor. Von dieser Art existieren viele lokale Farbvarianten. Sie lebt im Regenwald, und die Falter sind das ganze Jahr hindurch aktiv. Vorwiegend in den Morgenstunden besuchen sie *Lantana*-Blüten und andere blühende Regenwaldgewächse. Wirtspflanzen von *Delias mysis* sind *Viscum*-Arten und andere Loranthaceae. Die Raupen leben in großen Gruppen zusammen. Sie verpuppen sich auf den Blättern der Wirtspflanze. Selbst in diesem Stadium bleiben sie eng zusammen, und manchmal findet man drei bis vier Puppen auf demselben Blatt. Das Puppenstadium dauert zwei bis sechs Wochen.

Delias ninus

## *Delias ninus*

*Delias ninus* ist eine der häufigsten *Delias*-Arten in Malaysia und Indonesien. Die Schmetterlinge sind gute Flieger, die in den Morgenstunden viele Blüten besuchen. Sie haben eine Flügelspannweite von 6–7,5 cm. Die auffälligen breiten schwarzen Streifen rund um die Adern der Vorderflügel verleihen den Schmetterlingen ein düsteres Aussehen. Die roten Flecken an der Basis der Hinterflügel sind bei vielen *Delias*-Arten zu finden.

Delias thysbe

## *Delias thysbe*

*Delias thysbe* ist in Nepal, Indien, Burma, Malaysia und Indonesien zu Hause. Die Art ist im Habitus sehr variabel; in manchen Teilen ihres Verbreitungsgebietes ähnelt sie z. B. stark *Delias ninus*. Die Schmetterlinge bevorzugen sonnige Plätze. Wenn die Sonne hinter den Wolken verschwindet, verharren die Falter still, bis sie wieder auftaucht. Die Raupen leben in Gruppen von 50–60 Tieren in einem großen Gespinst, mit dem sie ihre Wirtspflanze aus der Familie Loranthaceae überziehen.

Dismorphia amphione, *Weibchen*

Dismorphia amphione, *Männchen*

## *Dismorphia amphione*

*Dismorphia amphione* kommt von Mexiko bis in den Süden Brasiliens vor. Die Männchen tragen im vorderen Bereich ihrer Hinterflügel auffällig große, weiße bis silbrige Flecken, die den Weibchen fehlen. Die Flügelspannweite der Männchen beträgt 7 cm, die der Weibchen 8 cm. Die Färbung der Weibchen erinnert stark an diejenige von Heliconiiden und Ithomiiden. Weil sie solchen giftigen Vorbildern so ähnlich sehen, machen Insektenfresser einen Bogen um sie. *Dismorphia* ist der erste Schmetterling, für den diese Art von Mimikry nachgewiesen wurde. *Dismorphia amphione* kommt in Höhenlagen zwischen 0 und 1000 m vor. Dieser Schmetterling ist relativ selten; er hält sich bevorzugt am Waldrand auf. Die Weibchen legen ihre Eier an Pflanzen der Gattung *Inga* wie *Inga sapindoides* und *I. densiflora* (Mimosaceae), und zwar ein Ei an jedes Blatt. Einige Raupen fressen nur frische, andere nur die älteren Blätter ihrer Wirtspflanze.

Gonepteryx rhamni, *der Zitronenfalter*

## *Gonepteryx rhamni*

*Gonepteryx rhamni*, der Zitronenfalter, lebt in den kalten und warmen Regionen von Nordafrika, Europa und Asien bis nach Japan. Er streift viel umher; gern hält er sich in der Nähe von Wäldern auf, wo seine Wirtspflanzen – Kreuzdorn und Faulbaum – wachsen. Pro Jahr entwickelt sich eine Generation. Zitronenfalter überwintern als Schmetterlinge, daher leben die Falter mehr als ein Jahr. Die Eiablagezeit beginnt Ende

Hebomoia glaucippe, *Weibchen*

April. Zitronenfalterweibchen können bis zu 500 Eier legen.

## *Hebomoia glaucippe*

*Hebomoia glaucippe* ist in Japan, China, Indien, Pakistan und Malaysia beheimatet. Mit einer Flügelspannweite von 10 cm ist er der größte asiatische Weißling. Farbmusterung und Verhalten der Geschlechter unterscheiden sich deutlich. Die Vorderflügel der Männchen haben leuchtend orangefarbene Spitzen, die Weibchen tragen viel Schwarz auf ihren Vorder- und Hinterflügeln. Die Weibchen fliegen nur in bewaldetem Gelände, die Männchen sieht man auch in offenen Gebieten. Die Wirtspflanzen der Raupen sind *Capparis*-Arten (Capparidaceae). Jedes Jahr entwickeln sich zwei Generationen. Die Schmetterlinge, die in der Regenzeit fliegen, sind gewöhnlich größer als ihre Artgenossen, die in der Trockenzeit aktiv sind.

Hebomoia glaucippe, *Männchen*

Ixias marianne

## *Ixias marianne*

Das Verbreitungsgebiet von *Ixias marianne* beschränkt sich auf Indien, Pakistan und Sri Lanka. Mit einer Flügelspannweite von rund 5 cm erinnert er an einen kleinen Aurorafalter; typisch sind die breiten dunklen Streifen auf den Vorder- und Hinterflügeln. Die Schmetterlinge lieben sonnige Plätze, wo sie mit hoher Geschwindigkeit umherfliegen, um ganz plötzlich auf einer Blüte zu landen oder am Boden, um Wasser zu trinken. *Ixias marianne*-Weibchen fliegen in geringer Höhe zwischen Büschen und blühenden Krautpflanzen über den Boden.

Leptidea sinapis, *der Senfweißling*

## *Leptidea sinapsis*

*Leptidea sinapsis*, der Senf- oder Tintenfleckweißling, ist in Westeuropa bis Zentralasien zu Hause. Es ist ein kleiner Weißling, der sich bevorzugt in der Nähe von Wäldern aufhält. Die Wirtspflanzen der Raupen sind Platterbsen, Hornklee und Kronwicke. Die Puppen überwintern auf einem starken Ast. Jedes Jahr entwickeln sich zwei Generationen. Der Senfweißling ist eine gefährdete Art. Er zeigt keine Neigung zum Wandern und ist daher von günstigen Lebensumständen in seinem Verbreitungsgebiet abhängig.

## *Pereute charops*

*Pereute charops* kommt von Mexiko bis Peru vor. Schmetterlinge der Gattung *Pereute* sind dunkel gefärbte Weißlinge, das amerikanische Pendant zu den *Delias*-Arten in Asien. *Pereute charops* ist ein Bewohner gebirgiger Regionen zwischen 1200 und 2200 m Höhe. Der Schmetterling hat eine ungewöhnliche Art zu fliegen; auf Phasen mit raschem Flügelschlag folgt Gleitflug. Die Männchen sind territorial: In den Morgenstunden verteidigen sie kleine, sonnenbeschienene Plätze im Regenwald; Rivalen, die vorbeifliegen, werden fortgejagt. Am Nachmittag beginnen die Weibchen, ihre Eier in kleinen Haufen an die Unterseite von Loranthaceen-Blättern abzulegen. Die Raupen leben in Gruppen auf der Wirtspflanze. Die Puppen von *Pereute charops* sehen aus wie Vogelkot und werden daher von Insektenfressern meist nicht als schmackhafte Happen erkannt.

Pereute charops

## *Pieris brassicae*

*Pieris brassicae*, der Große Kohlweißling, ist in Europa, West- und Mittelasien und Süda-

*Raupe des Großen Kohlweißlings*

Pieris napi, *der Rapsweißling*

Pieris brassicae, *der Große Kohlweißling*

merika zu Hause. Die Schmetterlingsweibchen legen ihre Eier in Gruppen an die Unterseite von Cruciferen-Blättern ab. Da Kohlgewächse ebenfalls zu den Cruciferen gehören, können die Raupen des Großen Kohlweißlings zu Schädlingen in Gemüsegärten werden. Andere Wirtspflanzen sind Ackersenf und Kapuzinerkresse. Pro Jahr gibt es zwei Generationen. Das Puppenstadium überwintert. Der Große Kohlweißling ist ein Wanderfalter, der manchmal in großen Schwärmen fliegt. Er besucht regelmäßig unsere Blumengärten.

## *Pieris napi*

*Pieris napi*, der Raps- oder Grünaderweißling, ist in Nordafrika, Europa, Nordasien und Nordamerika verbreitet. Der Schmetterling bevorzugt feuchte Gebiete, aber nicht nur in warmen, sondern manchmal auch in kalten Regionen. Die Wirtspflanze der Raupen sind Kohlarten, Wasserkresse, Ackersenf und verwandte Arten (Cruciferae). Die Raupen wachsen rasch und verpuppen sich innerhalb von 14 Tagen. Das Puppenstadium überwintert. Die Puppe wird an einem starken Zweig, einem Baumstamm oder einem Stein befestigt. Es gibt zwei, manchmal sogar drei Generationen pro Jahr. Der Rapsweißling ist ein sehr häufiger Schmetterling, der auch Wanderungen unternimmt.

## *Pieris rapae*

*Pieris rapae*, der Rübenweißling, auch Kleiner Kohlweißling genannt, ist in Nordafrika, Europa, Asien, Australien und Nordamerika verbreitet. Er ist der häufigste Schmetterling in Deutschland. Jedes Jahr entwickeln sich drei bis fünf Generationen. Daher kann man die Schmetterlinge von Mitte April bis Anfang Oktober fliegen sehen. Wirtspflanzen sind Kohl, Rettich, Raps und Kapuzinerkresse (Cruciferae) sowie Reseda-Arten. Die Raupen wachsen außerordentlich schnell. Gewöhnlich sind sie innerhalb von 14 Tagen ausgewachsen und verpuppen sich. Der Kleine Kohlweißling überwintert als Puppe. Die Puppe ist grün, braun oder grau gefärbt, je nach Färbung der Pflanze, an der sie befestigt ist. Eine überwinternde Puppe wird nicht an einer krautigen Pflanze, sondern an einem Baumstamm oder Stein befestigt. Der Kleine Kohlweißling ist ein Wanderfalter, der gelegentlich in Schwärmen auftritt.

## *Pontia daplidice*

*Pontia daplidice*, der Reseda-Weißling, hat ein Verbreitungsgebiet, das sich von Nordafrika über Europa bis nach Ostasien erstreckt. Er ist ein schneller Flieger mit einer Tendenz zum Nomadisieren, ständig auf der Suche nach frischen Resedapflanzen. Die Puppe wird stets an einem festen Untergrund wie einem Baumstamm oder einem Stein befestigt.

Pieris rapae, *der Kleine Kohlweißling*

Pontia daplidice, *der Reseda-Weißling*

# 9 Heliconiidae – Passionsblumenschmetterlinge

Von wenigen Abweichungen abgesehen findet man Schmetterlinge, die zur Familie Heliconiidae gehören, nur in Süd- und Mittelamerika. Ausnahmen bilden einige Arten, die in den Vereinigten Staaten zu Hause sind. Die Schmetterlinge lassen sich sofort an ihren langen, schmalen Flügeln und ihren langen Antennen erkennen. Die Flügelspannbreite variiert zwischen 6 und 10 cm. Die Flügel sind gewöhnlich sehr bunt: leuchtend rot, gelb und schwarz, manchmal abwechselnd mit Blau. Heliconiiden sind sehr auffällige Schmetterlinge. Ihr Körper enthält viele Substanzen, die sie für Insektenfresser ungenießbar machen. Die lebhaften Farben sollen wohl die Botschaft übermitteln: „Lass mich ungehindert vorbeifliegen, ich schmecke sowieso nicht.“ Dazu passt ihre Flugweise. Heliconiiden sind sehr langsame Flieger, die sich anscheinend von nichts stören lassen. Sie vertrauen darauf, dass ihre bunte Färbung eine ausreichende Warnung für Vögel und andere Fressfeinde darstellt. Ein typisches Merkmal dieser Schmetterlinge ist, dass sie sich bei Dämmerung an gemeinsamen Schlafplätzen versammeln. Dann hängen zahllose Schmetterlinge in den Bäumen, um dort die Nacht zu verbringen. Der erste Schmetterling, der

Heliconius melpomene

Heliconius melpomene

Heliconius charitonius

*Schlafplatz für* Heliconius-*Falter*

morgens wach wird, fliegt um die Gruppe Schlafmützen herum, um sie aufzuwecken. Heliconiiden verdanken ihren volkstümlichen Namen Passionsblumenschmetterlinge der Tatsache, dass die Weibchen ihre Eier ausschließlich an die Blätter von Passionsblumen (*Passiflora*) legen. Diese Pflanzen enthalten giftige Inhaltsstoffe, um sich vor Pflanzenfressern zu schützen. Die toxischen Substanzen, Glykoside, enthalten zyanogene Gruppen, die bei der Verdauung die außerordentlich giftige Blausäure freisetzen. Heliconiiden-Raupen können die giftigen Blätter ohne Schaden fressen, weil sie die gefährlichen Glykoside nicht verdauen, sondern in ihrem Körper speichern. Dadurch werden sie ungenießbar. Die Schmetterlinge, die sich aus diesen Raupen entwickeln, übernehmen die toxischen Substanzen und sind daher ebenfalls giftig.

Heliconius melpomene, *Raupe*

Heliconiiden-Falter leben viel länger als die zwei bis drei Wochen, die bei den meisten anderen Schmetterlingsarten die Regel sind. Das liegt vorwiegend daran, dass sie Eiweiße aufnehmen können. Schmetterlinge trinken eine enorme Palette von Flüssigkeiten: Nektar, den Saft faulender Früchte, Feuchtigkeit, die aus Tierdung oder Tierkadavern austritt etc. Die Hauptbestandteile dieser „Drinks“ sind Wasser und die darin gelösten Zucker. Wenn ein Heliconiiden-Falter Nektar aus einer Blüte saugt, bleibt der Blütenpollen an den winzigen Härchen seines Saugrüssels hängen. Daraufhin gibt der Schmetterling Enzyme aus seinem Rüssel ab, die sich mit

*Ein* Heliconius-*Falter sammelt Pollen*

dem Pollen mischen und ihn in eine lösliche Form umwandeln. Diese eiweißreiche Nahrung wird dann vom Schmetterling resorbiert. Infolgedessen können einige Heliconiiden sechs Monate überleben, ohne zu überwintern.

Ein paarungsbereites Heliconiiden-Weibchen sitzt auf einer Pflanze und wartet mit über dem Rücken zusammengefalteten Flügeln auf einen Partner. Fliegt ein Männchen über es hinweg, öffnet das Weibchen die Flügel. Erkennt das Männchen das für die Weibchen seiner Art typische Farbmuster, flattert es über der Schönen auf der Stelle. In regelmäßigen Abständen taucht es dann herab und streift ihre Antennen mit seinen Hinterflügeln. Dort sitzen Duftschuppen,

*Balzende* Heliconius-*Falter*

die eine aromatische Substanz, ein so genanntes Geschlechtspheromon produzieren, das typisch für die Art ist. Dieser Duft überzeugt das Weibchen, dass der Werbende ein Artgenosse ist. In diesem Fall endet der Balztanz mit der Paarung. Heliconi-

*Paarung von* Heliconius*-Faltern*

iden-Männchen befruchten das Weibchen nicht nur, sondern sie übertragen ihm überdies eine Reihe von Eiweißen. So muss das Weibchen die energetisch kostspielige Aufgabe der Eibildung nicht ganz alleine bewältigen. Weibliche Heliconiiden legen pro Tag zehn längliche, gefurchte Eier an die Blätter und Ranken von Passionsblumen. Die winzigen Raupen, die daraus schlüpfen, beginnen sofort zu fressen und wachsen rasch heran. Die meisten Raupen verfügen über Stacheln, die leicht abbrechen und dabei giftige Substanzen freisetzen. Sie verpuppen sich innerhalb von drei Wochen.

*Ein frisch verpuppter* Heliconius melpomene

*Puppe von* Heliconius melpomene

Die stachligen Puppen hängen an Pflanzenstängeln und sehen eher wie ein Samen oder eine Frucht aus als wie ein Insekt. Derart gut getarnt kann die Puppe die Zeit der Metamorphose sicher überstehen. Nach etwa zehn Tagen schlüpft ein farbenprächtiger Schmetterling.

Agraulis vanillae

## *Agraulis vanillae*

*Agraulis vanillae* (auch als *Dione vanillae* bekannt) ist unter Heliconiiden eine auffällige Erscheinung. Sein Verbreitungsgebiet reicht vom Süden der Vereinigten Staaten und Florida bis Peru in Südamerika. Dieser Schmetterling bevorzugt offene Landschaften, wo er die Blüten von *Bidens pilosa* und *Lantana*-Arten besucht. Die Weibchen legen ihre Eier an *Passiflora*-Arten, die von den meisten Heliconiiden gemieden werden. Die stachligen Raupen sind ungenießbar; das gilt ebenso für die wunderschönen Schmetterlinge, deren Flügelunterseite mit silbrigen Flecken geschmückt ist.

## *Dryadula phaetusa*

*Dryadula phaetusa* ist von Mexiko bis Brasilien zu Hause. Der Schmetterling hat für einen Heliconiiden ungewöhnlich kurze, breite Flügel, und auch die Antennen sind

Dryas julia *zeigt seine orangefarbene Oberseite*

*Paarung von* Dryas julia

Dryas julia, *Raupe*

nicht besonders lang. Die Art ist recht selten und kommt nur in Buschland, nicht jedoch in bewaldetem Gelände vor. Im Gegensatz zu anderen Heliconiiden sammelt *Dryadula phaetusa* keinen Pollen an seinem Rüssel, saugt aber gerne Nektar an *Asclepias*-Blüten. Die Eier werden an *Passiflora talamancensis* gelegt.

## *Dryas julia*

Der auffällig orangefarbene *Dryas julia* lebt in Süd- und Mittelamerika. Die Eier werden an die Ranken und Blätter mehrerer *Passiflora*-Arten abgelegt, darunter *P. coeruleia, P. biflora, P. platyloba* und *P. vitifolia.* Die beigefarbenen, braun gefleckten Raupen sind stark bestachelt. Die Puppe ist abgerundet

und trägt metallisch schillernde Punkte. Der Schmetterling ruht mit über dem Rücken zusammengefalteten Flügeln und sieht aus wie ein vertrocknetes Blatt. Vom leuchtenden Orange ist dann nichts zu sehen, und der Schmetterling wird nicht von Insektenfressern belästigt. Er ist zudem schwer zu fangen, weil er sehr aufmerksam ist und sich in der Luft schnell und geschickt bewegen kann.
Man findet ihn oft auf den Blüten von *Lantana camara*, die sehr nektarreich sind. Die Art ist keineswegs selten und fliegt das ganze Jahr hindurch.

## *Euides isabella*

*Euides isabella* kommt von Mexiko bis in die Amazonasregion vor. Er ist relativ klein und hat kurze Fühler; die der Männchen sind allgemein schwarz, die der Weibchen gelb. Das Farbmuster ähnelt stark demjenigen verschiedener *Heliconius*-Arten, ein schönes Beispiel für Mimikry. *Euides* lässt

Euides isabella

Heliconius charitonius

sich an der Reihe weißer Flecken am Flügelrand erkennen. Beide Geschlechter besuchen die Blüten von niedrigen Krautpflanzen bis zu Blütenständen in den Baumwipfeln. Die Weibchen legen ihre Eier an *Passiflora platyloba* und *P. ambigua* ab, manchmal auch an Nachbarpflanzen.

## *Heliconius charitonius*

*Heliconius charitonius* hat ein großes Verbreitungsgebiet. Der Schmetterling kommt in den Everglades von Florida, in Mittelamerika und im Norden von Südamerika vor. Das Aussehen dieses Zebrafalters, wie er im Volksmund heißt, ist jedoch stets dasselbe, es sind trotz seines riesigen Verbreitungsgebietes weder Unterarten noch lokale Varianten bekannt. Die Männchen beginnen sehr rasch mit der Fortpflanzung. Sie paaren sich mit den Weibchen, wenn diese dabei sind, aus der Puppe zu schlüpfen. Während die Weibchen an einem Zweig hängen, um zu trocknen, sind sie wehrlos und können noch nicht davonfliegen. Überdies können die Männchen sicher sein, dass sie sich mit einem jungfräulichen Weibchen paaren. Die Weibchen legen ihre Eier in Gruppen auf den Vegetationspunkt verschiedener *Passiflora*-Arten. Die Raupen von *Heliconius charitonius* können sogar Pflanzen mit stachligen Blättern fressen, die deshalb für die Raupen anderer Heliconiiden ungenießbar sind.

Heliconius Cydno

Heliconius Cydno

## *Heliconius cydno*

*Heliconius cydno* ist von Mexiko über Kolumbien bis nach Ecuador verbreitet. Seine bevorzugte Wirtspflanze ist *Passiflora vitifolia* oder *P. biflora*, aber auch andere *Passiflora*-Arten dienen zur Eiablage. Die Eier werden an die jüngsten Ranken der Pflanze gelegt. Die Schmetterlinge fliegen gern im Wald und in anliegenden Gebieten.

Heliconius Cydno

Zum Nektarsaugen besuchen sie am liebsten *Psiguria*-Blüten. Die Schmetterlinge sammeln auch große Mengen an Pollen aus den Blüten. *Psiguria* ist für beide Geschlechter sehr wichtig, denn sie betrachten einen Platz mit vielen Blüten als ihr Revier. Jeden Tag besuchen sie alle Blüten und jagen andere Heliconiiden davon. Wie viele andere Heliconiiden tritt *Heliconius cydno* in zahlreichen verschiedenen Farbformen auf.

Heliconius erato

## *Heliconius erato*

*Heliconius erato* weist eine besonders große Zahl von Unterarten und Farbvarianten auf; sein Verbreitungsgebiet reicht von Mexiko bis in die Amazonasregion. Die zahlreichen Formen ähneln zudem vielen Unterarten von *Heliconius melpomene*. Beide Arten lassen sich am besten an Hand ihrer Puppenform unterscheiden. Die Puppe von *Heliconius erato* weist zwei „Hörner" auf, die derjenigen von *Heliconius melpomene* fehlen. Experten können die Arten anhand des Duftes unterscheiden, den die Männchen freisetzen, wenn sie über den Weibchen tanzen. Die Wirtspflanzen von *Heliconius erato* sind *Passiflora talamancensis*, *P. coreacea* und *P. biflora*.

## *Heliconius hecale*

*Heliconius hecale* ist ein relativ großer Heliconiide, der von Mexiko bis Peru verbreitet ist. Die Schmetterlinge scheinen keinen bestimmten Landschaftstyp zu bevorzugen, denn man trifft sie sowohl in offenem Wiesengelände als auch im tropischen Regenwald an. Die Weibchen legen ihre Eier an Passionsblumen, suchen aber nicht nach einer bestimmten Art. *Heliconius hecale* ist ein guter Flieger, der weite Strecken zurücklegt, und die Art gehört zu den häufigsten in Mittel- und Südamerika. Beide Geschlechter besuchen viele blühende Arten, am häufigsten jedoch sieht man sie an *Psiguria*-Blüten. Auf „ihren" Blüten dulden sie keine anderen Heliconiiden. Von *Heliconius hecale* kennen wir viele Formen; die abgebildete Variante sieht wie *Euides isabella* aus, der in derselben Region zu Hause ist.

## *Heliconius hortense*

Das Verbreitungsgebiet von *Heliconius hortense* erstreckt sich von Honduras bis Ecuador. In Gegensatz zu den meisten Heliconi-

Heliconius hecale

Heliconius hortense

iden gibt es kaum Farbvarianten. Die Unterschiede begrenzen sich auf die Größe der gelben Flecken auf den Vorderflügeln. *Heliconius hortense* ist wegen seiner großen Flügelspannbreite von 7 cm besonders auffällig. Wirtspflanze ist *Passiflora laurifolia*.

## *Heliconius melpomene*

*Heliconius melpomene* kommt von Mexiko bis Brasilien vor. Von dieser Art sind Dutzende Unterarten bekannt. Jede einzelne Unterart weist ebenfalls verschiedene Formen auf, die jeweils wie eine Unterart von *Heliconius erato* aussehen. Dieser besonders komplizierte Mimikrykomplex ist eingehend untersucht worden. *Heliconius melpomene* bevorzugt Waldgebiete. Die Schmetterlinge fliegen am Waldrand und in offenem Gelän-

Heliconius melpomene

Heliconius melpomene

Heliconius melpomene

de umher, meiden aber die volle Sonne. Sie sammeln Pollen besonders von *Psiguria*-Blüten, besuchen aber auch *Lantana*- und *Hamilia*-Blüten. Die Eier werden an jungen *Passiflora*-Pflanzen abgelegt. Die bestachelten Raupen sind weiß mit schwarzen Flecken und orange-gelbem Kopf. In menschlicher Obhut lässt sich dieser Schmetterling sehr gut züchten, wenn die Bedingungen stimmen. In verglasten Schmetterlingsgärten ist er ein gern gesehener Gast, weil er sich das ganze Jahr hindurch beobachten lässt und gern um die Köpfe der Besucher herumflattert.

## *Heliconius sara*

*Heliconius sara* ist einer der kleinsten Heliconiiden. Sein Verbreitungsgebiet reicht von Mexiko bis ins Amazonasgebiet. Die Weibchen legen ihre Eier in Gruppen von 20–30 Stück an die Vegetationspunkte ihrer Wirtspflanze *Passiflora auriculata*. Die Raupen fressen zuerst die zarten jungen Blätter und später, wenn sie etwas größer sind, auch die älteren. Raupen eines Geleges schlüpfen fast gleichzeitig. Der Schmetterling lebt im tropischen Regenwald; die Wirtspflanze gedeiht am Rande solcher Wälder. Da Passionsblumen stets in kleinen Gebieten wachsen, ist das Vorkommen von *Heliconius sara* ebenfalls lokal beschränkt. Dennoch ist diese Art nicht selten. Die Schmetterlinge können sehr alt werden. Der langlebigste Schmetterling im Nooder Dierenpark in Emmen war ein *Heliconius sara*, der fast sieben Monate lang flog.

Heliconius sara

Thecla coronata, *Oberseite*

# 10 Lycaenidae – Zipfelfalter, Feuerfalter, Bläulinge

Zu dieser Tagfalterfamilie, die Zipfelfalter, Feuerfalter und Bläulinge umfasst, gehören mehr als 6000 Arten. Fast alle sind kleine Schmetterlinge; der größte hat eine Flügelspannweite von rund 8 cm. Bei vielen Arten zeigt die Flügeloberseite einen aparten Schimmer. Die Bläulinge verdanken ihren Namen ihrer metallisch schillernden Blaufärbung, die man oft nur bei den Männchen beobachtet. Feuerfalter haben auffällig rote Flügel. Meistens lassen sich die verschiedenen Arten nur am Muster auf der Flügelunterseite auseinander halten. Viele Zipfelfalter haben deutlich geschwänzte Hinterflügel. Die außerordentlich kleinen Eier sind mit Gruben und Leisten bedeckt. Die winzigen Raupen, die aus diesen Eiern schlüpfen, sehen mehr wie Nacktschnecken aus. Allgemein fressen diese Raupen eiweißreiche Nahrung: Samen, Blütenknospen und manchmal auch Insektenlarven. Viele Bläulingsraupen leben längere Zeit in Ameisennestern. Die jungen Raupen lassen sich von den Arbeiterinnen bestimmter Ameisenarten, besonders Knotenameisen (Myrmicinae), ins Nest eintragen. Die Ameisen finden diese Raupen attraktiv, weil sie eine süße Flüssigkeit für die Arbeiterinnen abscheiden. Im Nest ernähren sich die Raupen von Ameisenlarven und dem Futter, das die Ameisen eintragen. Auch Verpuppung und Puppenruhe finden in der Sicherheit des Ameisennestes statt. Die Puppen halten sich die Ameisen durch Zirplaute vom Leibe. Die Bläulingsfalter schlüpfen meist früh am Morgen, wenn die Ameisen noch nicht sehr aktiv sind und sie das Nest ungehindert verlassen können. Die meisten Arten sind lokal verbreitet, und die Schmetterlinge verbringen ihr ganzes Leben in einem Bereich von wenigen hundert Meter Durchmesser.

Thersamonia thersamon

Quercusia quercus, *der Eichenzipfelfalter*

Meleageria daphnis, *der Zahnflügel-Bläuling*

# Zipfelfalter

Callophrys rubi, *der Brombeerzipfelfalter*

Callophrys rubi, *Raupe*

## *Callophrys rubi*

*Callophrys rubi*, der Brombeerzipfelfalter, ist in einem Gebiet zu finden, das sich von Nordafrika über Europa bis nach Ostasien erstreckt. Der Schmetterling ist sehr klein. Die Flügeloberseiten sind braun, die Unterseiten schimmern grünlich. Die Raupen sind bei dem, was sie fressen, nicht sehr wählerisch und ernähren sich von den Trieben und Knospen zahlreicher Pflanzen, die zu den Familien der Cistaceae, Ericaceae, Leguminosae, Rhamnaceae und Rosaceae gehören. Die Schmetterlinge trinken Nektar an Vogelkirsch- und Heidekrautblüten. Der Brombeerzipfelfalter bevorzugt Heidekrautgebiete an Waldrändern. Pro Jahr wächst eine Generation heran. Die Tiere überwintern als Puppe in der Laubstreu.

Eumaeus minyas

## *Eumaeus minyas*

*Eumaeus minyas* ist ein relativ großer und dunkler Lycaenide, der in den wärmeren Regionen der Vereinigten Staaten zu Hause ist. Man findet die Schmetterlinge am ehesten im Buschland an Waldrändern und auf Waldlichtungen. Die Raupen leben auf Pflanzen, die zur Familie Zamiaceae gehören. Der dunkelgrüne Schimmer auf der Flügeloberseite erstreckt sich nicht auf die Flügeläderung. Auffällig ist die metallisch blaue Zeichnung am äußeren Rand der Hinterflügel.

Quercusia quercus, *der Eichenzipfelfalter*

## *Quercusia quercus*

*Quercusia quercus*, der Eichenzipfelfalter, ist in Nordafrika, Europa und Kleinasien beheimatet. Die Schmetterlinge fallen beim Flug wegen ihrer silbergrauen Flügelunterseite ins Auge. Oft sieht man sie, wie sie Baumwipfel umkreisen. Die Männchen fin-

Satyrium acaciae, *der Kleine Schlehenzipfelfalter*

den sich um einzeln stehende Bäume zu Schwärmen zusammen. Die Eier werden zwischen Eichenknospen abgelegt, wo sie überwintern. Wenn die Knospen sich öffnen, sind auch die Raupen gerade geschlüpft und beginnen sofort zu fressen. Dieser kleine Zipfelfalter bringt es auf eine Generation pro Jahr. Die Schmetterlinge trinken Nektar und Honigtau. Man findet sie in großer Zahl an geeigneten Plätzen in der Nähe von Eichen.

## *Satyrium acaciae*

*Satyrium acaciae*, der Kleine Schlehenzipfelfalter, ist von Mitteleuropa bis Kleinasien verbreitet. Die Flügelspannweite dieses sehr kleinen Zipfelfalters beträgt etwa 1 cm. Innerhalb seines Verbreitungsgebietes bevorzugt er felsige Gebiete mit lockerem Buschbestand. Die Eier werden an Schlehdornsträuchern abgelegt. Die Weibchen suchen am Strauch nach geeigneten Stellen und legen jeweils fünf Eier auf einmal. Die Eier überwintern dort. Im Frühjahr schlüpfen die Raupen zur der Zeit, wenn sich die Knospen des Schlehdorns öffnen, sodass ihr Tisch reich gedeckt ist. Pro Jahr entwickelt sich eine Generation. Die Schmetterlinge fliegen im Juli.

Satyrium ilicis, *der Stechpalmenzipfelfalter*

## *Satyrium ilicis*

*Satyrium ilicis*, der Stechpalmen- oder Braune Eichenzipfelfalter, ist in warmen und kalten Regionen von Westeuropa bis Kleinasien zu Hause. Man findet die Schmetterlinge auf Waldlichtungen oder im offenen Gelände am Waldrand überall dort, wo Eichen wachsen. Die Männchen saugen gern Nektar an Brombeerblüten. Die Weibchen legen ihre wenigen Eier - unter zehn pro Tag - zum Überwintern an Knospen von Eichen (Fagaceae). Die Raupen schlüpfen im Frühjahr, wenn sich die Knospen zu öffnen beginnen. Bei dieser gehaltvollen Nahrung wachsen die Raupen rasch heran. Die Puppe liegt verborgen in der Laubstreu. Die Schmetterlinge fliegen im Juli. Es gibt eine Generation pro Jahr.

Satyrium spini, *der Kreuzdornzipfelfalter*

## *Satyrium spini*

*Satyrium spini*, der Kreuzdornzipfelfalter, ist in Europa und Westasien zu Hause. Er bevorzugt felsige Hänge und trockene Grasgebiete und saugt Nektar an verschiedenen Krautpflanzen. Die Weibchen legen jeweils drei bis fünf Eier zum Überwintern in die Astgabel des Kreuzdorns (Rhamnaceae), ihrer Wirtspflanze. Die Raupen schlüpfen im Frühjahr, kurz bevor sich die Knospen öffnen. Pro Jahr entwickelt sich nur eine Generation. Die Schmetterlinge fliegen vorwiegend im Juli.

## *Satyrium w-album*

*Satyrium w-album*, das Weiße W oder der Ulmenzipfelfalter, ist im größten Teil Europas zu Hause und in Asien bis nach Japan verbreitet. Dieser kleine weiße Schmetter-

Satyrium w-album, *das Weiße W*

ling mit dem typischen W auf der Flügelunterseite saugt Nektar und Honigtau. Man findet die Falter vorwiegend in Waldgebieten mit einem dichten Ulmenbestand; an geeigneten Plätzen versammeln sie sich oft in großer Zahl und fliegen gemeinsam umher. Die Weibchen legen ihre Eier zum Überwintern an die Außentriebe von Ulmen (Ulmaceae). Im Frühjahr machen sich die Raupen über die Knospen und Blüten der Ulme her, später fressen sie auch Blätter. Die Raupen verpuppen sich in Rindenspalten.

Thecla betulae, *der Birkenzipfelfalter*

## *Thecla betulae*

*Thecla betulae*, der Birken- oder Nierenfleck-Zipfelfalter, ist in den kühlen und gemäßigten Regionen Europas und Asiens verbreitet. Diese kleinen Schmetterlinge haben eine Flügelspannweite von weniger als 1,5 cm und fliegen niemals über längere Strecken. Beide Geschlechter suchen nach dem höchsten Baum am Waldrand, wo sie Honigtau trinken und der als Treffpunkt dient. Die Weibchen legen ihre – meist pro Tag nicht mehr als fünf – Eier zum Überwintern an niedrige Schlehdornsträucher. Sobald sich die Knospen der Wirtspflanze öffnen, schlüpfen die Raupen. Im Juni verpuppen sie sich in der Laubstreu. Die Schmetterlinge sind von Anfang Juli bis Ende September bei einer Lebensdauer von meist acht Wochen aktiv.

Die Hinterflügel beider Geschlechter sind lang geschwänzt. Die Weibchen unterscheiden sich von den Männchen durch auffällige rote Markierungen an der Schwanzbasis. Ein weiteres typisches Merkmal dieser Art sind die stark eingebuchteten Ränder der Hinterflügel. Die Unterseite dieses Schmetterlings schimmert wunderbar grünlich und weist mehrere schwarze Streifen auf. Da *Thecla coronata* in Ruhestellung die Flügel über dem Rücken zusammenlegt, fällt der Schmetterling aufgrund seines Farbmusters zwischen den Blättern nicht auf.

Thecla coronata, *Unterseite*

## *Thecla coronata*

*Thecla coronata* ist im tropischen Süd- und Mittelamerika bis nach Mexiko zu Hause. Er ist nicht nur einer der größten, sondern auch einer der schönsten Vertreter der Lycaeniden. Männchen können eine Flügelspannweite von bis zu 6 cm erreichen.

# Feuerfalter

Lycaena alciphron, *der Violette Feuerfalter*

## *Lycaena alciphron*

*Lycaena alciphron*, der Violette Feuerfalter, ist von Nordafrika über Europa bis nach Kleinasien verbreitet und lebt in trockenen Graslandschaften. Im nördlichen Teil seines Verbreitungsgebietes entwickelt sich nur eine Generation, im südlichen Teil sind es manchmal zwei. Die Wirtspflanzen der Raupen sind der Kleine Ampfer und der Große Ampfer (Polygoniaceae). Die noch nicht ausgewachsenen Raupen überwintern in der Laubstreu. Sie wachsen im Frühjahr und im Frühsommer weiter. Die Schmetterlinge fliegen im Juni. Ins Auge fällt der Purpurschimmer ihrer Flügel.

Lycaena dispar, *der Große Feuerfalter*

Lycaena dispar batava

## *Lycaena dispar*

*Lycaena dispar*, der Große Feuerfalter, ist trotz seines Namens ein kleiner Schmetterling mit einer Flügelspannweite von rund 2 cm, was im Vergleich zu anderen Feuerfaltern beträchtlich ist. Er ist in Europa und Asien lokal nur sehr beschränkt verbreitet. Die leuchtend orange-rot gefärbten Männchen verteidigen ein Revier. Die Weibchen sind weit weniger bunt und tragen auf der Flügeloberseite ein schwarze Zeichnung. Der Große Feuerfalter lebt in Moorlandschaften, wo er Nektar und Honigtau saugt. Die Weibchen legen ihre Eier vorwiegend an Flussampfer und einige andere Ampferarten (Polygoniaceae). In gemäßigten Breiten gibt es nur eine Generation pro Jahr, weiter südlich sind es manchmal bis zu drei Generationen. Die noch nicht ausgewachsenen Raupen überwintern zwischen den verwelkten Blättern an der Basis großer aquatischer Ampferpflanzen.

Lycaena dispar rutila

Lycaena hippothoe, *der Lilagold-Feuerfalter*

## *Lycaena hippothoe*

*Lycaena hippothoe*, der Lilagold-Feuerfalter, lebt in kühlen moorigen Gebieten in Europa und Asien. Die Flügeloberseite der Männchen ist rot mit bläulichem Schimmer, die Weibchen sind vorwiegend braun. Da diese Art nur ihn kühlem Klima gedeiht, bringt sie es nur auf eine Generation pro Jahr. Die Schmetterlinge fliegen im Juni und Juli. Die Wirtspflanze der Raupen ist der Große Ampfer (Polygoniaceae). Die Raupen überwintern noch nicht voll ausgewachsen. Sie wachsen sehr langsam. Die Verpuppung findet in der Laubstreu statt.

## *Lycaena phlaeas*

*Lycaena phlaeas*, der Kleine Feuerfalter, lebt in kühlen wie auch sehr warmen Regionen in

Lycaena phlöaeas, *der Kleine Feuerfalter*

Nordafrika, Europa, Asien und Nordamerika. Er ist kein echter Wanderfalter, erobert aber rasch neue Territorien, wo seine Wirtspflanzen, der Kleine und der Große Ampfer (Polygoniaceae), gedeihen. Die Schmetterlinge fliegen von Anfang Mai bis Ende Oktober; pro Jahr entwickeln sich zwei, manchmal sogar vier Generationen. Die noch nicht ausgewachsenen Raupen überwintern verborgen in der Laubstreu. Im Frühling wachsen die Raupen weiter und verpuppen sich in einem locker gesponnenen Kokon. Die Männchen des Kleinen Feuerfalters sind territorial. Zwischen beiden Geschlechtern sind äußerlich kaum Unterschiede zu sehen.

## *Lycaena tityrus*

*Lycaena tityrus*, das Schwedenvögelchen, ist von Westeuropa bis Mittelasien zu Hause. Die Art lebt in trockenen Grasgebieten und Heidelandschaften. Im wärmeren Teil des Verbreitungsgebietes gibt es manchmal drei Generationen pro Jahr. Die Wirtspflanzen der Raupen sind der Kleine und der Große Ampfer (Polygoniaceae). Die noch unausgewachsenen Raupen überwintern in der Laubstreu. Im Frühling wachsen sie rasch weiter und verpuppen sich im Mai. Die Puppen hängen etwas verborgen im unteren Bereich der Pflanze. Im Jahr entwickeln sich zwei Generationen. Die Schmetterlinge fliegen von Mai bis September.

Lycaena tityrus, *das Schwedenvögelchen*

## *Lycaena virgaurae*

*Lycaena virgaurae* ist in den kühl-gemäßigten Breiten von Europa und Asien bis in die Mon-

Lycaena virgaurae

golei zu Hause. Dieser Schmetterling unterscheidet sich vom Großen Feuerfalter durch die rote Flügelunterseite mit weißen Flecken. Die Schmetterlinge fliegen im Juni und August. Pro Jahr gibt es nur eine Generation. Die Falter suchen bevorzugt am Waldrand auf Wiesenblüten nach Nektar. Die Eier werden zum Überwintern an die Stängelbasis des Großen Ampfers (Polygoniaceae) gelegt. Die Raupen, die im Frühjahr schlüpfen, entwickeln sich innerhalb von zwei Monaten zum erwachsenen Falter. Sie verpuppen sich im Juni.

# Bläulinge

Agrodiaetus thersites

## *Agrodiaetus thersites*

*Agrodiaetus thersites* ist in den wärmeren Regionen von Nordafrika, Europa und Asien zu Hause. Im Jahr entwickeln sich zwei bis drei Generationen. Die Wirtspflanze ist Esparsette (Leguminosae). Die kleinen Raupen überwintern zwischen Steinen. Im Frühjahr dauert es lange, bis die Raupen voll ausgewachsen sind und sich in der Laubstreu verpuppen. *Agrodiaetus thersites* überlebt

Lycaena virgaurae

selbst unter schwierigen Bedingungen. Die Schmetterlinge trinken Blütennektar und Wasser zwischen Ufersteinen.

Aricia agestis, *Unterseite*

Aricia agestis, *Kleiner Sonnenröschen-Bläuling, Oberseite*

## *Aricia agestis*

*Aricia agestis*, der Kleine Sonnenröschen-Bläuling oder Dunkelbraune Bläuling, der in Europa und Asien weit verbreitet ist, verdankt seinen Namen seiner Wirtspflanze bzw. der braunen Färbung beider Geschlechter. Die Schmetterlinge werden leicht mit braunen Weibchen anderer Bläulingsarten verwechselt. Jedes Jahr gibt es zwei bis drei Generationen. Die halb ausgewachsenen Raupen überwintern in der Laubstreu. Die Wirtspflanzen sind Storchschnabel und Sonnenröschen (Cistaceae). Im Frühjahr wachsen die Raupen rasch heran und verpuppen sich in der Laubstreu. Die Schmetterlinge fliegen von Mai bis Oktober.

Aricia artaxerxes, *Großer Sonnenröschen-Bläuling*

Aricia artaxerxes

## *Aricia artaxerxes*

*Aricia artaxerxes*, der Große Sonnenröschen-Bläuling, lässt sich kaum vom Kleinen Sonnenröschen-Bläuling unterscheiden, mit dem er die meisten Merkmale teilt. Die Art kann extreme Bedingungen überleben und bringt es daher nur auf eine Generation pro Jahr. Die Anzahl der Generationen ist der Hauptunterschied zwischen diesen beiden *Aricia*-Arten.

## *Celastrina argiolus*

*Celastrina argiolus*, der Faulbaum-Bläuling, hat ein Verbreitungsgebiet, das sich von Mitteleuropa bis nach Ostasien erstreckt. Wenn er fliegt, fällt seine silbrige Flügelunterseite sofort ins Auge. Die Schmetterlinge leben in Wäldern, Parklandschaften und Mooren, wo die wichtigsten Wirtspflanzen der Raupen – Faulbaum, Stechpalme und Efeu – wachsen; Faulbaum-Raupen können jedoch auch auf

Celastrina argiolus, *Faulbaum-Bläuling*

vielen anderen Pflanzen leben. Sie ernähren sich von Knospen und jungen Blättern und wachsen bei dieser nahrhaften Kost rasch heran. Gewöhnlich gibt es nur eine Generation, manchmal sind es aber sogar vier. Die Puppen der Herbstgeneration überwintert an der Wirtspflanze.

Cupido minimus, *der Zwergbläuling*

## Cupido minimus

*Cupido minimus*, der Zwergbläuling, ist selbst für einen Bläuling klein; seine Flügelspannweite beträgt im Mittel etwa 1 cm. Man kann diesen Schmetterling verstreut auf grasbewachsenen Kalkböden in Europa und Asien finden. Der Zwergbläuling fliegt im Juni, wenn die Wirtspflanze der Raupen, der Wundklee (Leguminosae), in Blüte steht. Die Eier werden an die Blüte der Wirtspflanze gelegt. Die Raupen wachsen sehr rasch und überwintern voll ausgewachsen an den verwelkten Blüten des Wundklees. Die Art ist sehr stark gefährdet, weil sie von einer einzigen Wirtspflanzenart abhängig ist, die überdies in Blüte stehen muss.

Danis danis, *Unterseite*

Danis danis, *Oberseite*

## Danis danis

*Danis danis* hat ein Verbreitungsgebiet, das sich von den Molukken und Papua-Neuguinea bis nach Nordostaustralien erstreckt. Die Raupen ernähren sich von den Blättern von *Alphitonia excelsa* (Rhamnaceae). Die Pflanze gedeiht in lichten Wäldern. Beide Geschlechter hocken gern in etwa zwei Meter Höhe auf den Blättern ihrer Wirtspflanze. Der auffällige weiße Streifen, der über die Oberseite der Flügel verläuft, ist für die ganze Gattung *Danis* typisch. Er zieht sich bei beiden Geschlechtern auch über die Flügelunterseite. Der weiße Streifen ist von einem schmalen, wundervoll grünlich schillernden Band umgeben. Die Flügelspannweite von *Danis danis* beträgt 3,5–4 cm.

Everes argiades, *der Kleebläuling*

## *Everes argiades*

*Everes argiades*, der Kleebläuling, ist in warmen und gemäßigten Regionen Europas und Asiens zu Hause. Dieser sehr kleine Schmetterling mit einer Flügelspannweite von gerade einmal 1 cm lässt sich an seinen geschwänzten Hinterflügeln erkennen. Er lebt in der Nähe von Moor- und Heidegebieten. Die Wirtspflanze ist der Hornklee (Leguminosae). Die Raupen wachsen so rasch heran, dass es pro Jahr zwei bis drei Generationen gibt. Die voll ausgewachsenen Raupen überwintern in der Laubstreu.

Jamides alecto

## *Jamides alecto*

*Jamides alecto* ist ein südostasiatischer Bläuling, dessen Verbreitungsgebiet von Sri Lanka und Indien bis nach Burma und Malaysia reicht. Die Art bevorzugt hüglige oder bergige Gegenden mit Wäldern, in denen seine Wirtspflanze *Elettaria cardamonum* wächst. Die Schmetterlinge sind keine guten Flieger und flattern häufig in Bodennähe umher. Die Raupen ernähren sich von den Blüten und Früchten ihrer Wirtspflanze und gelten als Schädlinge, da diese Pflanze in der asiatischen Medizin und Küche eine Rolle spielt. Die Weibchen tragen am Rand der Hinterflügel ein Muster aus dunklen Flecken, während das Blau der Männchen weit heller und kräftiger ist. Die Flügelspannweite von *Jamides alecto* beträgt 3,5–4,5 cm; die Hinterflügel sind geschwänzt.

Lycaeides argyrognomon, *der Gelbringfalter*

## *Lycaeides argyrognomon*

*Lycaeides argyrognomon*, der Gelbringfalter, lebt in den wärmeren Regionen Europas und Asiens. Dieser Bläuling bringt es auf zwei Generationen im Jahr. Seine Wirtspflanze ist die Kronwicke (Leguminosae). Die zweite Weibchengeneration legt ihre Eier an den holzigen Teil der Wirtspflanze. Dort überwintern die Eier. Die Weibchen der Sommergeneration legen ihre Eier Anfang des Sommers an die Blätter der Kronwicke. Innerhalb einer Woche schlüpfen die Raupen, wachsen rasch heran und verpuppen sich. Die Schmetterlinge fliegen im Juni und August.

## *Lysandra bellargus*

*Lysandra bellargus*, der Himmelblaue Bläuling, ist ein leuchtend blau gefärbter Schmetterling, der in weiten Teilen Europas bis weit nach Asien zu Hause ist. Pro Jahr gibt es zwei Gene-

Lysandra bellargus, *der Himmelblaue Bläuling*

rationen. Die Schmetterlinge fliegen vorwiegend im Juni und September. Sie legen ihre Eier an Hufeisenklee und Kronwicke (Leguminosae). Kurz nachdem die Raupen geschlüpft sind, überwintern sie an ihrer Wirtspflanze.

Lysandra coridon, *der Silbergrüne Bläuling*

## *Lysandra coridon*

*Lysandra coridon*, der Silbergrüne oder Steppenheide-Bläuling, ist verstreut in weiten Teilen Europas zu finden. Jedes Jahr entwickelt sich eine Generation; die Männchen sind blassblau, die Weibchen braun gefärbt. Die Wirtspflanze dieser Bläulinge ist der Hufeisenklee (Leguminosae). Die Eier werden an den starken, holzigen Teilen der Pflanze abgelegt, wo sie überwintern. Die Raupen wachsen im Frühjahr sehr langsam; manchmal dauert es an die vier Monate, bis sie sich verpuppen. Die Schmetterlinge, die aus der Puppe schlüpfen, saugen nicht nur Blütennektar, sondern trinken auch die Flüssigkeit, die aus Tierdung austritt.

Lysandra coridon

Maculinea alcon, *der Lungenenzian-Ameisenbläuling*

## *Maculinea alcon*

*Maculinea alcon*, der Lungenenzian-Ameisenbläuling oder Kleine Moorbläuling, ist von Westeuropa bis Mittelasien verbreitet. Er lebt in feuchten Moorgebieten, wo Heidekraut und Lungenenzian blühen. Diese Bläulinge benötigen Knotenameisen (Myrmicinae), die für ihre Raupen sorgen. Nach der Paarung suchen die Weibchen nach Lungenenzian um

Malculinea alcon

ihre Eier abzulegen – am liebsten direkt in die Blüte. Sobald die Raupen geschlüpft sind, fressen sie sich zum Fruchtknoten durch und verzehren die Samenanlagen. Anschließend verlassen die noch unausgewachsenen Raupen die Blüte und lassen sich von Ameisen in deren unterirdisches Nest eintragen. Dort überwintern sie. Im Frühjahr ernähren sich die Raupen von Ameisenlarven, bis sie sich im Ameisennest verpuppen. Im Juli und August verlassen die frisch geschlüpften Schmetterlinge das Nest und fliegen davon. Pro Jahr entwickelt sich eine Generation.

Maculinea arion, *der Schwarzfleckige Bläuling*

## *Maculinea arion*

*Maculinea arion*, der Schwarzfleckige Bläuling, auch Arion-Bläuling oder Quendel-Ameisenbläuling genannt, ist in ganz Europa und Asien verbreitet. In felsigen Gebieten mit wenig Pflanzenwuchs suchen die Schmetterlinge nach dem Nektar blühender Thymianpflanzen. Die Eier werden an Thymian und wildem Majoran (Labiatae) abgelegt. Die Raupen fressen die nährstoffreichen Fruchtknoten ihrer Wirtspflanze. Dann werden sie von Knotenameisen in deren unterirdisches Nest getragen, wo sie überwintern. Im Frühjahr ernähren sich die Raupen von einer Vielzahl Ameisenlarven und verpuppen sich auch später im Ameisennest. Nach dem Schlüpfen verlassen die Schmetterlinge das Nest. Pro Jahr entwickelt sich eine Generation. Die Schmetterlinge fliegen im Juli und August.

Maculinea telejus, *der Augenbläuling*

## *Maculinea telejus*

*Maculinea telejus*, der Augenbläuling oder Große Moorbläuling, ist in den warmen und gemäßigten Regionen Europas und Asiens zu Hause. Die Schmetterlinge suchen in den Blüten von Bibernellwurz (Rosaceen) nach Nektar; auch werden die Eier daran abgelegt. Im Spätsommer fressen die Raupen des Augenbläulings die Fruchtknoten der Pflanzen. Anschließend verlassen sie ihre Wirtspflanze und lassen sich von Ameisenarbeiterinnen in deren Nest eintragen. Dort ernähren sich die Raupen von Ameisenlarven, überwintern, fressen im Frühjahr weiter und verpuppen sich im Juni. Die Schmetterlinge, die nicht viel länger als eine Woche leben, fliegen im Sommer. Pro Jahr gibt es eine Generation.

Plebejus argus, *der Geißklee-Bläuling*

Melaeageria daphnis

Meleageria daphnis, *der Zahnflügel-Bläuling*

## Meleageria daphnis

*Meleageria daphnis*, der Zahnflügel-Bläuling, lebt in den warmen und recht trockenen Gegenden Südosteuropas. Dieser Schmetterling bevorzugt felsige Hänge mit wenig Vegetation. Seine Wirtspflanze ist die Kronwicke (Legminosae), an der die Eier überwintern. Die Raupen, die im Frühjahr schlüpfen, fressen und wachsen, bis sie sich Ende Mai verpuppen. Diese Schmetterlinge, deren Hinterflügel stark gesägt sind, fliegen im Juli und August.

## Plebejus argus

*Plebejus argus*, der Geißklee- oder Silberfleckbläuling, kommt in Heidegegenden in Europa und Asien bis nach Japan vor. Die Flügeloberseite der Männchen ist blau, die der Weibchen braun gefärbt. Die Wirtspflanzen der Raupen sind Besenheide und Erica (Ericaceae). Die Eier werden an die holzigen Stängel gelegt, wo sie überwintern. Im Frühjahr ernähren sich die Raupen von den Knospen und Triebspitzen junger Ericagewächse. Die noch unausgewachsenen Raupen lassen sich von Ameisenarbeiterin-

Plebejus argus

nen in deren Nest eintragen, wo sie sich verpuppen. Manche Geißkleebläulinge können auch außerhalb von Ameisennestern überleben. Die Schmetterlinge leben auf recht kleinem Raum in großer Zahl zusammen.

Plebicula dorylas, *der Steinkleebläuling*

## Plebicula dorylas

*Plebicula dorylas*, der Steinkleebläuling, kommt in Europa und Asien vor; seine Verbreitung ist örtlich eng begrenzt. Die Männchen dieser kleinen Art fallen durch ihre einzigartige hellblaue Färbung auf. Die Wirtspflanze ist der Wundklee (Leguminosae). Die Weibchen legen ihre Eier nur an junge Pflanzen, die nicht in Blüte stehen. Solange die Raupen noch klein sind, leben und fressen sie im Inneren der dicken, fleischigen Blätter; sie überwintern auch auf ihrer Wirtspflanze. Im Frühjahr ernähren sie sich

Plebicula dorylas, *der Steinkleebläuling*

von den Blütenpflanzen und den jungen Blättern. Die Verpuppung erfolgt in der Laubstreu. Pro Jahr gibt es eine Generation, und die Schmetterlinge fliegen im Juli.

Polyommatus icarus, *der Gemeine Bläuling*

## Polyommatus icarus

*Polyommatus icarus*, der Gemeine Bläuling, auch Wiesen- oder Hauhechel-Bläuling genannt, hat ein Verbreitungsgebiet, das sich

Polyommatus icarus

von Nordafrika über Europa bis nach Ostasien erstreckt; dieser häufige Schmetterling ist in vielen Klimazonen zu Hause. Man findet ihn in Gras- und Heidelandschaften überall dort, wo seine Wirtspflanze – vorwiegend Hornklee (Leguminosae) – wächst. Der Gemeine Bläuling überwintert als unausgewachsene Raupe. Im Frühjahr wachsen die Raupen sehr langsam; es dauert mehr als zwei Monate, bis sie sich in der Laubstreu verpuppen. Pro Jahr entwickelt sich eine Generation; im wärmeren Teil des Verbreitungsgebietes können es auch zwei oder drei Generationen sein.

Pseudophilotes baton, *der Graublaue Bläuling*

## *Pseudophilotes baton*

*Pseudophilotes baton*, der Graublaue Bläuling, lebt in trockenen Grasländern und Steppengebieten in Europa und Mittelasien. Pro Jahr entwickeln sich zwei Generationen. Die Raupen ernähren sich von den Blüten und Früchten verschiedener Thymianarten (Labiatae). Die noch nicht ausgewachsenen Raupen der Herbstgeneration überwintern in der Laubstreu. Im folgenden Frühjahr wachsen sie rasch heran und verpuppen sich. Auch die Raupen der zweiten Generation wachsen rasch.

## *Scolitantides orion*

*Scolitantides orion*, der Fetthennenbläuling, kommt in felsigen Hügellandschaften in Europa und Asien vor. Die Wirtspflanzen sind Sukkulenten (Crassulaceae) wie Mauerpfeffer und Fetthenne. Der Raupen fressen sehr schnell und sind innerhalb eines Monats ausgewachsen. Sie überwintern als Puppe, die mit einem Seidenfaden an einem Stein befestigt ist. In wärmeren Teilen sei-

Polyommatus icarus

Scolitantides arion, *der Fetthennenbläuling*

nes Verbreitungsgebietes entwickelt sich eine zweite Generation. Die Schmetterlinge der Sommergeneration sind viel dunkler als diejenigen der Frühjahrsgeneration.

Talicada nyseus

## Talicada nyseus

*Talicada nyseus* lebt in Südindien und in Sri Lanka. Männchen und Weibchen dieser Art unterscheiden sich äußerlich nicht. Die Schmetterlinge zeigen ein typisches Flugmuster: Eine kurze Flugphase wechselt mit einer Ruhepause am Boden. Sie bleiben bis zum Einbruch der Dämmerung aktiv und fliegen häufig in Bodennähe. Man findet sie sowohl in Dschungelgebieten als auch in trockeneren Regionen. Die Eier werden an die Blätter von Sukkulenten (Crassulaceae) gelegt. Die Raupen fressen Tunnelgänge in die Blätter und leben dort geschützt vor Insektenfressern. Die Puppenphase dauert gewöhnlich nicht länger als eine Woche.

Vacciniina optilete, *der Hochmoorbläuling*

## Vacciniina optilete

Man findet den Hochmoorbläuling *Vacciniina optilete* örtlich sehr begrenzt in kühlen und gemäßigten Regionen von Europa, Asien und Nordamerika. Er kommt nur in Fenngebieten vor, wo sich Torfmoore entwickeln und verstreut im Wald liegen. Nur hier gedeiht die Wirtspflanze der Raupen, die Preiselbeere (auch Moosbeere, Kranbeere). Die Raupen überwintern tief im Torf verborgen. Im Mai fressen sie die jungen Triebe und Fruchtknoten der Preiselbeeren. Wenn sie voll ausgewachsen sind, kriechen sie aus dem Torf und verpuppen sich. Die Schmetterlinge saugen vorwiegend an Heidekraut Nektar. Es gibt nur eine Generation pro Jahr. Die Schmetterlinge fliegen im Juli.

Maniola jurtina, *das Große Ochsenauge*

# 11 Satyridae - Augenfalter oder Bräunlinge

Mycalesis remulina

C. pamphilus, *der Kleine Heufalter, bei der Eiablage*

Brintesia circe, *der Weiße Waldportier*

Die Schmetterlinge, die zur Familie der Augenfalter oder Bräunlinge (Satyridae) gehören, sind gewöhnlich unauffällig und braun gefärbt. Auf der Unterseite ihrer Flügel tragen sie runde Augenflecken, denen sie ihren Familiennamen verdanken. Diese Beschreibung passt auf fast alle 3000 Augenfalterarten. Bunter gefärbte Augenfalter findet man lediglich in den tropischen Regionen Südamerikas. Schmetterlingsarten aus dieser Familie lassen sich nicht immer leicht identifizieren; das gilt z. B. für die Mohrenfalter (*Erebia*). In den gebirgigen Regionen von Europa und Asien findet man eine große Zahl ähnlich aussehender Arten dieser Gattung.

Viele dieser Schmetterlinge kann man an faulenden Früchten beobachten; mit dem Saft nehmen sie anscheinend auch den Schimmel auf. Auch Honigtau stellt eine sehr wichtige Nahrungsquelle dar, während Nektar für viele dieser Schmetterlinge eine weniger bedeutende Rolle spielt. Die meisten Arten fliegen in Bodennähe und ruhen gern an sonnigen Plätzen. Fast alle Wirtspflanzen gehören zu den Gräsern. Einige Weibchen legen ihre Eier nicht einmal richtig an die Wirtspflanze, sondern lassen sie einfach fallen, wenn sie über einen Grasbüschel fliegen. Aus den runden, längs gefurchten Eiern schlüpfen Raupen mit gegabeltem Schwanz. Diese Raupen, die nicht sehr bunt gefärbt sind, sind entweder glatt oder tragen zahlreiche rundliche Auswüchse.

Die Raupen wachsen sehr langsam; eine Wachstumsperiode von vier bis sechs Monaten ist keine Ausnahme. Das liegt daran, dass die Gräser, die sie fressen, schwer verdau-

Lasiommata megera, *der Mauerfuchs*

Lethe samio

lich sind. Bei einigen Arten kann der gesamte Entwicklungszyklus vom Ei zum Schmetterling bis zu zwei Jahre dauern. Die Gräser und Bambusarten, die die Raupen fressen, enthalten keine giftigen Substanzen, daher sind diese Raupen und Schmetterlinge für Vögel und andere Insektenfresser ein Leckerbissen.

Die Puppen einiger europäischer Arten, wie der Waldportiere, finden unter der Erde einen sicheren, wenn auch für eine Schmetterlingspuppe sehr ungewöhnlichen Platz. Hier verbringen sie den Sommer ohne die Gefahr auszutrocknen.

## *Aphantopus hyperantus*

*Aphantopus hyperantus*, der Schornsteinfeger oder Braune Waldvogel, ist in Europa und Asien häufig. Er bevorzugt Wiesen und andere Graslandschaften in der Nähe von Wäldern. Er ist der Prototyp eines braunen Augenfalters, namentlich eines Augenfalters mit recht kleinen Augenflecken, die manchmal nicht größer als Punkte sind. Pro Jahr entwickelt sich nur eine Generation. Die Raupen wachsen besonders langsam und können durchaus ein Alter von 10–11 Monaten erreichen. Sie überwintern in noch nicht ausgewachsenem Zustand.

Die Raupen ernähren sich von Gräsern und Seggen. Dort, wo die Lebensbedingungen stimmen, kommen die Schmetterlinge manchmal in großer Zahl vor.

Aphantopus hyperantus, *der Schornsteinfeger*

Brintesia circe, *der Weiße Waldportier*

## *Brintesia circe*

*Brintesia circe*, der Weiße Waldportier, lebt in warmen bis sehr warmen Regionen, die sich von Europa bis nach Mittelasien erstrecken. Dieser große Schmetterling, über dessen Flügel sich ein auffälliges weißes Band zieht, bevorzugt Grasflächen in Waldnähe. Die Wirtspflanzen sind verschiedene Grasarten (Graminaceae). Sofort nach dem Schlüpfen suchen sich die Raupen einen geeigneten Grashalm, um daran zu überwintern. Erst im folgenden Frühjahr und Frühsommer beginnen sie zu fressen und zu wachsen. Die Puppe des Weißen Waldportiers ruht verborgen in einem Loch im Boden. Pro Jahr entwickelt sich eine Generation. Die Schmetterlinge fliegen im August.

Coenonympha arcania, *der Perlgrasfalter*

## *Coenonympha arcania*

*Coenonympha arcania*, der Perlgrasfalter, ist in Europa und im Westen von Asien weit verbreitet. Wenn diese Schmetterlinge fliegen, fallen ihre orangefarbenen Vorderflügel und die dunkelgrauen Hinterflügel ins Auge. Die Schmetterlinge saugen Nektar an den Blüten von Sträuchern, die auf recht trockenem Grund wachsen. Die Eier werden an verschiedene Typen von Gräsern (Graminaceae) und Seggen oder Riedgräser (Cyperaceae) gelegt. Perlgrasfalter-Raupen wachsen langsam und verpuppen sich Ende Mai/Anfang Juni. Die Puppen hängen zwischen der Vegetation. Pro Jahr entwickelt sich eine Generation. Die Schmetterlinge fliegen Ende Juni und Anfang Juli lokal in großen Schwärmen.

Coenonympha glycerion, *das Rostbraune Wiesenvögelchen*

## *Coenonympha glycerion*

*Coenonympha glycerion*, das Rostbraune Wiesenvögelchen, lebt in den gemäßigten Zonen Europas und Asiens; man findet den Falter vorwiegend auf Graslandschaften in der Nähe von Feuchtgebieten. Die Weibchen legen ihre Eier an Gräser (Graminaceae). Die noch unausgewachsenen Raupen überwintern in der Vegetation. Es dauert eine ganze Weile, bis sie im Frühling zu fressen und zu wachsen beginnen. Die Puppen hängen an einem Pflanzenstängel. Pro Jahr gibt es eine Generation. Lokal tritt diese Art in großer Zahl auf.

## *Coenonympha pamphilus*

*Coenonympha pamphilus*, der Kleine Heufalter, gehört zu den kleinsten Augenfaltern; seine Flügelspannweite beträgt im Mittel nur etwa 3 cm. Sein Verbreitungsgebiet erstreckt sich von Nordafrika über Europa bis nach

Caenonympha pamphilus, *der Kleine Heufalter*

Erebia medusa, *ein Mohrenfalter*

Asien; er ist anpassungsfähig und in zahlreichen Graslandschaften vertreten. Die Raupen ernähren sich von verschiedenen Grasarten. Da einige nahrhafter sind als andere, variiert ihre Wachstumsrate beträchtlich. Daher kann man einen großen Teil des Jahres hindurch auf Falter treffen, obwohl sich pro Jahr nur eine Generation entwickelt. Die noch unausgewachsenen Raupen überwintern gern in Gräsern, die im Winter grün bleiben, sodass sie an warmen Wintertagen weiterfressen können. Der Kleine Heufalter ist recht häufig.

## *Erebia medusa*

Dieser Mohrenfalter lebt in den gemäßigten Regionen von Europa bis Mittelasien. Wir kennen Dutzende von Arten der Gattung *Erebia.* Die Schmetterlinge unterscheiden sich in ihrer Flügelzeichnung. *Erebia medusa* bevorzugt feuchte Grasflächen. Dort findet der Schmetterling nicht nur Nektar, sondern auch die Wirtspflanzen der Raupen: Gräser (Graminaceae) und Seggen (Cyperaceae). Die Raupen wachsen langsam. Sie

Hipparchia fagi, *der Große Waldportier*

überwintern in trockenen Grasbüscheln. Die Puppen ruhen zwischen vertrockneten Blättern in der Laubstreu. Die Schmetterlinge fliegen im Juni.

## *Hipparchia fagi*

*Hipparchia fagi*, der Große Waldportier, ist ein Waldbewohner und in weiten Teilen Europas verbreitet. Die Schmetterlinge halten sich am liebsten am Waldrand auf. Sie trinken Blütennektar und den Saft, der aus faulenden Früchten oder verletzten Bäumen austritt. Die Eier werden an eine Reihe von Gräsern (Gramnimaceae) gelegt. Die noch nicht ausgereiften Raupen überwintern an trockenen Grashalmen. Nach der Überwinterung folgt eine recht lange Fressphase, bis sie sich schließlich in einem Bodenloch verpuppen.

Hipparchia semele, *die Rostbinde*

Pro Jahr gibt es eine Generation. Der Große Waldportier fliegt hauptsächlich im August.

## *Hipparchia semele*

*Hipparchia semele*, die Rostbinde, lebt in tiefer gelegenen Gebieten Europas und in Westasien. Aufgrund der Färbung und Musterung seiner Flügelunterseite ist der Schmetterling kaum zu sehen, wenn er seine Flügel über dem Rücken zusammenlegt. Wenn er ruht, sitzt er gern auf dem nackten Boden oder einem Baumstamm in der Sonne. Die Schmetterlinge ernähren sich von Saft, der aus Bäumen austritt, und von Nektar. Die Wirtspflanzen der Raupen sind verschiedene Gräser wie Silbergras und Schafschwingel. Die Raupen fressen im Herbst und im folgenden Frühling. Sie überwintern tief in einem Grasbüschel verborgen. Im Juni sind die Raupen voll ausgewachsen und verpuppen sich unterirdisch. Dort verbleibt die Puppe sechs Wochen lang und läuft so nicht Gefahr auszutrocknen. Wenn die Weibchen aus der Puppe schlüpfen, sind die Eier in ihrem Körper noch nicht

Lasiommata megera, *der Mauerfuchs*

voll entwickelt. Sie müssen noch mindestens zwei Wochen lang Nektar trinken, bevor sie Eier legen können. Besonders in wärmeren Regionen können weibliche Rostbinden älter als drei Monate werden.

## *Lasiommata megera*

*Lasiommata megera*, der Mauerfuchs, hat ein großes Verbreitungsgebiet, das sich von Nordafrika über Süd- und Mitteleuropa bis nach Asien erstreckt. Er bevölkert Graslandschaften in vielen Regionen, und man findet die Schmetterlinge häufig auf Steinen und Felsen. Die Färbung seiner Flügelunterseite ist diesem Lebensraum angepasst, daher ist er in Ruhephasen kaum zu sehen. Die Flügeloberseite ist bunter; die Männchen tragen auf den Vorderflügeln einen dunklen Streifen. Pro Jahr gibt es zwei bis drei Generationen. Die Raupen ernähren sich von einem breiten Spektrum an Gräsern. Der Mauerfuchs überwintert als noch nicht ausgereifte Raupe. Die Schmetterlinge saugen Nektar aus den Blüten von Krautpflanzen und Büschen.

Lasiommata maera, *das Braunauge*

## *Lasiommata maera*

*Lasiommata maera*, das Braunauge oder der Rispenfalter, ist in Nordafrika und von Europa bis nach Mittelasien zu Hause. Der Schmetterling sieht *Lasiommata megera* sehr ähnlich, ist aber etwas größer. Ein weiterer wichtiger Unterschied sind die beiden weißen Flecken in dem großen Augenfleck oben auf der Unterseite der Vorderflügel. Dieser Schmetterling fliegt gewöhnlich in steinigen Regionen und in der Nähe von Felshängen umher. Die Raupen des Braunauges ernähren sich von Gräsern (Graminaceae). Die noch nicht ausgewachsenen Raupen überwintern in einem Grasbüschel. Pro Jahr entwickelt sich einen Generation, manchmal auch eine zweite.

## *Lethe europa*

*Lethe europa* hat ein Verbreitungsgebiet, das sich von Indien und Pakistan über China und

Lethe europa, *Unterseite*

Lethe europa, *Oberseite*

Taiwan im nördlichen Asien nach Süden bis auf die Philippinen und nach Indonesien erstreckt. Die Wirtspflanze der Raupen ist der Bambus (Graminaceae). Diese Schmetterlinge sind vorwiegend frühmorgens und abends aktiv. Während der Regenzeit in Südostasien fliegen sie in großen Schwärmen. *Lethe europa* hat eine Flügelspannweite von 6,5–7,5 cm. Seine Flügeloberseite ist dunkelbraun, auf der Unterseite der Hinterflügel trägt er mehrere große Augenflecken. Bei den Weibchen verläuft ein breites weißes Band diagonal über die Vorderflügel.

## *Maniola jurtina*

*Maniola jurtina*, das Große Ochsenauge, ist in weiten Teilen Europas und angrenzenden afrikanischen und asiatischen Regionen heimisch. Die Schmetterlinge sind kraftvolle Flieger und suchen auf Blumenwiesen, bewaldeten Ufern und Waldlichtungen nach Nahrung. Pro Jahr entwickelt sich nur eine Generation, doch die Falter fliegen von Juni bis September, weil nicht alle zur selben Zeit aus der Puppe schlüpfen. Die Männchen verteidigen ein Revier gegen arteigene Rivalen. Die Weibchen verbringen viel Zeit auf Nektarsuche; sie benötigen kalorienreiche Nahrung für die Eiproduktion. Die Eier werden an eine Vielzahl von Grasarten abgelegt. Die Raupen sind beim Fressen nicht sehr wählerisch; sie überwintern noch nicht ausgewachsen in einem welken Grasbüschel. Wenn es warm genug ist, fressen sie auch im Winter weiter.

Maniola jurtina

Melanargia galathea, *das Schachbrett*

Melanargia galathea

## *Melanargia galathea*

*Melanargia galathea*, das Schachbrett, lässt sich sofort an dem auffälligen Schwarz-Weiß-Muster auf der Flügeloberseite erkennen. Die Art ist in Mitteleuropa weit verbreitet, kommt aber auch in Nordafrika und Westasien vor. Männchen und Weibchen sind auf der Flügelunterseite unterschiedlich gemustert. Die Schmetterlinge sind recht langsame Flieger. Die Weibchen legen nur wenige Eier pro Tag, gewöhnlich unter zehn. Die Falter leben länger als einen Monat, und die Eier der Weibchen sind beim Schlüpfen bereits ausgereift. Die Raupen, die sich von Gräsern ernähren, wachsen sehr langsam. Sind sie voll ausgewachsen, verpuppen sie sich in der Laubstreu.

## *Melanitis leda*

*Melanitis leda* ist ein typischer Vertreter der Gattung *Melanitis*, die in afrikanischen, asiatischen und australischen Waldgebieten zu Hause ist. Die Schmetterlinge sind nur bei

Melanitis leda, *Unterseite*

Melanitis leda *aus Tansania*

Melanitis leda, *Oberseite*

Sonnenauf- und Sonnenuntergang aktiv. Die Männchen besetzen eine Art Revier und fliegen sofort auf alles zu, was sich bewegt. Sie nähern sich sogar großen Tieren und Menschen, um sie zu inspizieren. Tagsüber ruhen die Schmetterlinge zwischen abgefallenen Blättern, wo sie wegen ihrer Tarnfärbung kaum zu sehen sind. Bei Störung fliegen sie auf und lassen sich ein kleines Stück weiter wieder zwischen trockenen Blättern nieder. Die Schmetterlinge trinken den Saft faulender Früchte und verletzter Bäume. Die Weibchen legen ihre Eier an Gräser. Da sie in

Minois dryas, *der Braunäugige Waldportier*

Südostasien auch Reis und Zuckerrohr (*Sacharum*) nicht verschmähen, können sie auf Feldern und Plantagen Schaden anrichten. In Afrika leben die Raupen auf *Cynodon setaria*, in Australien auf *Imperata cylindrica, Imperata conferta* sowie verschiedenen anderen *Sacharum*-Arten (Poaceae). Die Generationen von *Melanitis leda*, die zu verschiedenen Jahreszeiten schlüpfen, lassen sich klar unterscheiden. In Australien sind die Augenflecken auf den Flügeln der Sommergeneration deutlich zu erkennen, bei der Wintergeneration aber nur sehr vage, oder sie fehlen völlig. In Afrika fehlen diese Augenflecken bei der Regenzeit-Generation ebenfalls, sodass die Falter trockenen Blättern noch ähnlicher sehen. Die Flügelspannweite beträgt 6–8,5 cm. Beide Geschlechter sind sehr ähnlich gefärbt und gemustert.

## Minois dryas

*Minois dryas*, der Braunäugige Waldportier, hat ein Verbreitungsgebiet, das sich von den wärmeren Zonen Europas und Asiens bis nach Japan erstreckt. Er lebt in Graslandschaften in der Nähe von Feuchtgebieten. Die Raupen leben auf Gräsern (Graminaceae). Sie wachsen sehr langsam und überwintern als winzige Räupchen in der Vegetation. Die Puppe ruht sicher in einem Loch unter der Erde. Pro Jahr entwickelt sich eine Generation. Die Schmetterlinge fliegen vorwiegend im August.

## Mycalesis rhacotis

*Mycalesis rhacotis* ist in Afrika südlich der Sahara sehr häufig. Die Schmetterlinge sind das ganze Jahr hindurch aktiv, und man kann sie in großer Zahl an schattigen Waldplätzen finden. Als schlechte Flieger fliegen sie häufig in Bodennähe und ruhen sich immer wieder auf Grasbüscheln aus. Die Flügelspannweite dieser vorwiegend braunen Schmetterlinge beträgt 4–5 cm. Ihr Aussehen variiert mit den Jahreszeiten, insbesondere was Größe und Färbung der großen Augenflecken auf den Flügeln angeht. Die Raupen ernähren sich von *Ehrharta erecta*, einer Grasart.

Mycalesis terminus

## *Mycalesis terminus*

*Mycalesis terminus* lebt in Australien, auf Neuguinea und auf vielen anderen Inseln, die zum Bismarck-Archipel und den Molukken gehören. Die Schmetterlinge treten oft in großer Zahl auf und sind das ganze Jahr über aktiv. In Australien beschränkt sich das Puppenstadium, das gewöhnlich mindestens drei Wochen dauert, auf zwölf Tage im April und Mai. Das Aussehen des Schmetterlings ändert sich mit den Jahreszeiten. In der Trockenzeit von September bis November ist der Braunton viel heller, und die Augenflecken sind weniger deutlich ausgeprägt. Manchmal treten zwischen Regen- und Trockenzeit Übergangsformen dieses Schmetterlings auf. Männchen und Weibchen unterscheiden sich äußerlich kaum. Die Flügelspannweite beträgt etwa 4 cm. Die Raupen leben auf Gräsern wie *Imperata* (Graminaceae).

## *Neorina krishna*

*Neorina krishna* kommt nur auf Java vor. Er gehört zu den größten Augenfaltern und kann eine Flügelspannweite von mehr als 9 cm erreichen. Seine Grundfärbung ist ein dunkles Braun. Über die Vorderflügel läuft diagonal ein orangefarbenes Band. Zwischen diesem Band und der Spitze des Vorderflügels sitzt ein großer, dunkler Augenfleck. Am äußeren Rand der Hinterflügel befinden sich zwei kleinere Augenflecken. Die Hinterflügel sind zudem geschwänzt.

## *Pararge aegeria*

*Pararge aegeria*, das Waldbrettspiel oder der Laubfalter, kommt in den Laubwäldern von

Neorina krishna

Pyronia tithonus, *das Rostbraune Ochsenauge*

Nordafrika, Europa und Mittelasien vor. Weil er Wälder mit Eichen- und Birkenbestand bevorzugt, findet man ihn selten in Höhenlagen über 1000 m. Er ist als Falter in zwei Generationen von Frühling bis Herbst aktiv. Während dieser Zeit fliegen die Falter der ersten Generation, die sich langsamer entwickelt, zusammen mit den sich schneller entwickelnden Faltern der zweiten Generation. Die Schmetterlinge saugen Nektar und Baumsaft, man findet sie aber auch auf Exkrementen. Die Wirtspflanzen der Raupen sind Gräser. Einige Raupen wachsen rasch und verpuppen sich innerhalb eines Monats, andere benötigen sechs Monate. Das Puppenstadium der ersten Generation dauert zwei Wochen. Das Waldbrettspiel überwintert als Puppe, in manchen Teilen seines Verbreitungsgebietes auch als Raupe.

## *Pyronia tithonus*

*Pyronia tithonus*, das Rostbraune Ochsenauge, ist ein Bewohner gemäßigter und warmer Regionen in Europa und Westasien. Typisch sind die zwei weißen Flecken in den schwarzen Augenflecken auf der Unterseite des Vorderflügels. Man findet diese Art gewöhnlich auf Grasflächen an Waldrändern. Die Schmetterlinge saugen gern Nektar an Schwarzdornblüten. Die Weibchen legen ihre Eier an Gräser (Graminaceae) ab. Die Raupen wachsen nur langsam und überwintern noch unausgewachsen an einem trockenen Grashalm. Die zweite Wachstumsperiode findet im Frühling und Frühsommer statt und dauert bis zur Verpuppung. Die Puppe ruht in der Laubstreu. Pro Jahr gibt es eine Generation. Die Schmetterlinge fliegen im Juli und August.

Pararge aegeria, *das Waldbrettspiel*

# 12 Nymphalidae – Fleckenfalter, Schillerfalter, Perlmutterfalter

Die Familie Nymphalidae gehört zu den größten Schmetterlingsfamilien. Sie umfasst viele tausend Arten auf der ganzen Welt. Ihre Größe variiert stark; man findet Flügelspannweiten zwischen 2,5 und 15 cm. Die Falter dieser Familie zeigen ein typisches Flugmuster: Nach jedem Flügelschlag spreizen sie ihre Flügel vom Körper ab und gleiten ein Stück. Auf dem Boden trifft man die Schmetterlinge häufig neben toten Tieren, herabgefallenen Früchten oder verrottenden Pflanzenteilen. Sie saugen die Flüssigkeit auf, die aus diesen faulenden Geweben austritt und die sie brauchen, um beispielsweise ihre Pheromone zu synthetisieren. Wenn sich ein Nymphalide auf einer Pflanze niederlässt, senkt er in der Regel den Kopf und faltet seine Flügel über dem Rücken zusammen. Diese Schmetterlinge benutzen nur die beiden Hinterbeinpaare, um sich an Objekten anzuklammern; das vordere Beinpaar ist unauffällig und die meiste Zeit gar nicht zu sehen. Doch das vermittelt einen falschen Eindruck. Die beiden Vorderbeine sind lediglich viel kleiner als die anderen beiden Beinpaare. Sie dienen nicht zur Fortbewegung oder zum Festhalten, sondern zum Säubern der Antennen und anderer Körperteile („Putzpfoten"). Die Eier sind rund bis oval und gewöhnlich mit Grübchen und Leisten versehen. Manchmal werden sie in großen Gelegen gemeinsam an der Wirtspflanze abgelegt. Das Landkärtchen legt seine Eier in Gruppen von 6–10 Stück. Die meisten Nymphalidenraupen tragen lange, manche überdies auch zahlreiche kurze Dornen. Die Puppen hängen gut getarnt als Früchte, Samen oder andere Pflanzenteile an Stängeln oder unter Blättern.

Clossiana dia, *der Kleinste Perlmutterfalter*

Precis tugela

Aglais urticae, *der Kleine Fuchs*

# Fleckenfalter

Aglais urticae

## *Aglais urticae*

*Aglais urticae*, der Kleine Fuchs, hat ein Verbreitungsgebiet, das sich von Europa bis nach Ostasien erstreckt. Die Schmetterlinge saugen Nektar aus Blüten von Krautpflanzen und Sträuchern. Die Weibchen suchen nach jungen Brennnesseln (Urticaceae), an die sie ihre Eier legen. Pro Jahr entwickeln sich 1–3 Generationen. Der Kleine Fuchs überwintert als Falter gewöhnlich auf Speichern, in Hütten oder Ställen. In Deutschland ist er einer der häufigsten Schmetterlinge.

*Die Raupe von* Araschnia levana

## *Araschnia levana*

*Araschnia levana*, das Landkärtchen, ist ein kleiner Schmetterling mit bunter Zeichnung, der in Europa und Asien weit verbreitet ist. Es gibt zwei leicht zu unterscheidende Generationen. Die Frühjahrsgeneration ist orange und trägt eine schwarze Zeichnung, während die Sommergeneration dunkel ist mit einem weißen Streifen. Die Schmetterlinge saugen Nektar an den Blüten von Krautpflanzen und Sräuchern wie z. B. der Brombeere. Weibliche Landkärtchen legen ihre Eier in Gruppen an die Unterseite ihrer Wirtspflanze, der Brennnessel (Urticaceae). Die Art überwintert als Puppe.

Araschnia levana, *das Landkärtchen*

Araschnia levana

## *Cethosia biblis*

*Cethosia biblis* ist in Indien, Pakistan, China, Burma, Malaysia, Indonesien und auf den Philippinen zu Hause. Die Raupen, die giftige Dornen haben, leben in Gruppen von 5–6 Exemplaren auf *Passiflora*-Arten. Auch die Schmetterlinge sind giftig, und sie warnen potenzielle Feinde mit ihren auffällig rot gefärbten Flügeloberseiten. In Ruhestellung falten sie ihre Flügel über dem Rücken zusammen. Das Muster der Unterseite, das

Cethosia biblis

dann zu Tage tritt, ähnelt Schriftzügen in einem Buch, und dem verdankt der Schmetterling seinen Namen („biblis“ lat. für Buch).

Cethosia hypsea

Cethosia hypsea

## *Cethosia hypsea*

*Cethosia hypsea* ist in Burma, Malaysia und Indonesien verbreitet. Die Raupen leben auf *Adenia* und anderen giftigen Passionsblumen. Die gestreiften Raupen sind nicht nur giftig, sie verfügen zudem über Dornen, selbst auf dem Kopf. Die Schmetterlinge sind ebenfalls giftig und tragen eine Warntracht: Ihre Flügeloberseite ist leuchtend rot. *Cethosia hypsea*-Falter besuchen viele Blüten, vorzugsweise *Lantana*-Blüten.

Cynthia cardui, *der Distelfalter*

## *Cynthia cardui*

*Cynthia cardui*, der Distelfalter, ist mit Ausnahme von Südamerika im größten Teil der Welt zu finden. In Europa gehört er zu den bekanntesten Wanderfaltern. Im Winter leben die Schmetterlinge in Nordafrika. Im Frühjahr wandern sie nordwärts nach Europa, manchmal sogar bis Finnland. Die Schmetterlinge paaren sich und legen ihre Eier auf Disteln (Compositae), Brennnesseln (Urticaceae) und verschiedenen anderen Pflanzenarten ab. Die Raupen wachsen rasch, verpuppen sich, und vor dem Herbst fliegt bereits eine neue Generation Schmetterlinge umher. Die meisten bleiben in der Nachbarschaft ihres Geburtsortes, aber sie können im nördlichen Europa nicht überwintern und sterben daher. Einige schaffen es jedoch, ins Mittelmeergebiet zurückzufliegen. Dort kann der Distelfalter überwintern. Im folgenden Frühjahr unternehmen ihre Nachfahren die gleiche Wanderung und fliegen Tausende von Kilometern Richtung

Cynthia cardui *aus Australien*

Norden. Die australische Art hat kleine blaue Flecken auf den Hinterflügeln.

## *Inachis io*

*Inachis io*, das Tagpfauenauge, ist in Europa und im nördlichen Asien zu Hause. Der Schmetterling überwintert in kühlen, recht feuchten Regionen. In Deutschland gehört er zu den ersten Schmetterlingen, die man im Frühjahr sieht. Die Weibchen legen ihre Eier in großer Zahl an Brennnesseln (Urti-

Inachis io, *das Tagpfauenauge*

*Raupen von* Inachis io

*Eier von* Inachis io

caceae), die an Waldrändern oder Flussufern üppig gedeihen. Die Raupen machen sich später gemeinsam über die Brennnesseln her. Wenn es Zeit wird, sich zu verpuppen, sucht jede Raupe für sich nach einem geeigneten und sicheren Platz. Die goldgrünen Puppen sind völlig unauffällig. Bei den Faltern spielen die Augen auf der Oberseite der Hinterflügel eine wichtige Rolle für die Selbstverteidigung. Ein hungriger Räuber, wie z. B. ein Vogel, lässt sich durch diese Augen unter Umständen verscheuchen. Wenn nicht, wird er zunächst nach den (falschen) Augen picken. Dabei können die Flügel etwas beschädigt werden, doch der Schmetterling ist alarmiert und fliegt sofort davon.

Nymphalis antiopa, *der Trauermantel*

## Nymphalis antiopa

*Nymphalis antiopa*, der Trauermantel, ist in Europa, Asien und Nordamerika heimisch. Der große Schmetterling lebt in Waldgebieten, wo er nach austretenden Baumsäften und dem Saft faulender Früchte sucht. Die Weibchen legen Hunderte von Eiern an Birken (Betulaceae) und Weiden (Salicaceae). Die Raupen leben zusammen in großen Gruppen an ihren Wirtspflanzen. Sie wachsen zu Beginn des Sommers. Pro Jahr entwickelt sich eine Generation; die Schmetterlinge schlüpfen vor Winteranbruch. Trauermäntel überwintern als Falter in hohlen Bäumen oder an anderen geschützten Stellen.

Nymphalis polychloros, *der Große Fuchs*

## Nymphalis polychloros

*Nymphalis polychloros*, der Große Fuchs, kommt in Nordafrika, Europa und Mittelasien vor. Diese großen Schmetterlinge leben an Waldrändern, wo sie nach austretenden Baumsäften und dem Saft faulender Früchte suchen. Die Weibchen legen ihre Eier in Gruppen von 100–200 Stück an die Zweige von Ulmen (Ulmaceae) und Weiden (Salicaceae); isoliert stehende Bäume sind dabei besonders attraktiv. Pro Jahr entwickelt sich eine Generation. Der Große Fuchs überwintert als Falter in einem hohlen Baum oder an einem anderen geschützten Platz.

## Pantoporia perius

Das Verbreitungsgebiet von *Pantoporia perius* erstreckt sich vom Himalaja über Indien, Burma und Malaysia bis nach Südchina. Die Schmetterlinge haben eine typische Flugweise: Nach einigen raschen Flügelschlägen gleiten sie eine Weile mit waagerecht ausge-

Pantoporia perius

Pantoporia perius *mit geöffneten Flügeln*

breiteten Flügel dahin. Die schwarz-weiße Zeichnung auf der Flügeloberseite bietet an sonnigen wie an schattigen Waldflecken Tarnung.

Polygonia c-album, *das Weiße C*

## *Polygonia c-album*

*Polygonia c-album*, das Weiße C, hat ein Verbreitungsgebiet, das von Nordafrika über Europa bis nach Ostasien reicht. Die

Polygonia c-album

Schmetterlinge kommen mit ganz unterschiedlichen Klimabedingungen zurecht. Sie saugen nicht nur Nektar, sondern auch den Saft faulender Früchte. Auf der Suche nach ihren Wirtspflanzen legen die Falter große Strecken zurück; Brennnesseln (Urticaceae), Hopfen (Cannabaceae) und Ulmen (Ulmaceae) sind besonders beliebt. Die Art überwintert als Falter, als trockenes Blatt getarnt, in der Laubstreu.

Precis almana

## *Precis (Junonia) almana*

*Precis (Junonia) almana* ist der Vertreter einer Schmetterlingsgattung, die in allen tropischen Regionen der Welt vorkommt. Schmetterlinge der Gattung *Precis* sind gewöhnlich leuchtend gefärbt und tragen auffällige Augenflecken auf ihren Flügeln. Auf der Suche nach Blüten fliegen die Tiere nahe am Boden sehr rasch dahin. Die Raupen leben auf verschiedenen Pflanzen, z. B. Wegerich (Plantaginaceae) und Bärenklau

Precis atlites

(Acanthaceae). Männchen und Weibchen zeigen dieselbe Farbmusterung. Die Färbung in der Regenzeit kann sich deutlich von derjenigen in der Trockenzeit unterscheiden.

## *Precis atlites*

*Precis atlites* ist ein Schmetterling, den man in Südwestasien von Indien bis Südchina findet. Er hat eine typische Flugweise, bei der kurze Gleitphasen mit kurzen Ruhepausen am Boden abwechseln. Die Wirtspflanze ist *Hygrophila*. Wenn der Schmetterling auf einer Blüte herumwandert und nach Nektar sucht, öffnet und schließt er ständig seine Flügel. Einige anderen Nymphaliden zeigen dasselbe Verhalten.

## *Precis (Junonia) hedonia*

Man findet *Precis (Junonia) hedonia* in Malaysia, Neuginea und Australien. Der Schmetterling bevorzugt feuchte Gebiete, die

Precis hedonia

Precis hedonia

von Wäldern umgeben sind. Die Wirtspflanzen der Raupen sind *Hygrofila salicifolia* und *Hemigraphis alternata* (Acanthaceae). Das Farbmuster dieser Art ist nicht einheitlich, sondern wechselt mit der Jahreszeit. Die Schmetterlinge sind langsame Flieger und landen immer wieder auf Grasbüscheln oder Baumstämmen. Sie ruhen meist ein oder zwei Meter über dem Boden an Baumstämmen, wobei der Kopf nach unten zeigt. Dabei sind ihre Flügel über dem Rücken zusammengefaltet, und dank ihrer Form und Farbe sehen die Schmetterlinge genau wie abgestorbene Blätter aus. So verbringen sie in großen Gruppen die Nacht.

Precis iphita

## *Precis (Junonia) iphita*

*Precis (Junonia) iphita* lebt in Sri Lanka, Indien, Pakistan und Burma. Die Schmetterlinge sind dunkel gefärbt, und selbst die Augenflecken sind viel kleiner als bei anderen *Precis*-Arten. In den feuchten Wäldern des Verbreitungsgebietes ist diese Art häufig. *Precis iphita* bleibt meist im Schatten, traut sich in sehr feuchten Gegenden jedoch auch in die Sonne. Die Schmetterlinge kommen bis in Höhenlagen von fast 3000 m vor. In Sri Lanka, wo sie Wanderfalter sind, legen die Tiere in großen Schwärmen oft beträchtliche Entfernungen zurück. Männchen und Weibchen sind äußerlich nicht zu unterscheiden. Sie haben eine Flügelspannweite von 5,5–8 cm.

Precis lavinia

## *Precis (Junonia) lavinia*

*Precis (Junonia) lavinia* kommt im tropischen Amerika und in den ganzen Vereinigten Staaten vor. Der Schmetterling hat eine typische Flugweise, bei der kurze Gleitflüge mit kurzen Verschnaufpausen auf dem Boden abwechseln. Wirtspflanzen sind Wegerich und *Sedum*-Arten. Die Schmetterlinge überwintern in den kühleren Regionen ihres Verbreitungsgebietes.

Precis lemonias

## *Precis (Junonia) lemonias*

*Precis (Junonia) lemonias* ist in Sri Lanka, Indien, Pakistan und Burma zu Hause. Diesen sehr häufig vorkommenden Schmetterling findet man bis in Lagen von 2000 m. In Sri Lanka fliegen diese Wanderfalter manchmal in großen Schwärmen umher. Anders als die meisten *Precis*-Arten lebt *Precis lemonias* überwiegend in Wäldern. Die Schmet-

# Schillerfalter

Apatura ilia, *der Kleine Schillerfalter*

Apatura ilia

## *Apatura ilia*

*Apatura ilia*, der Kleine Schillerfalter, lebt in einem Verbreitungsgebiet, das sich von Westeuropa bis nach Ostasien erstreckt. Anders als *Apatura iris* bevorzugt er Regionen, in denen die Sommer etwas wärmer sind. Die Schmetterlinge trinken den Saft verrottender Pflanzen und überreifer Früchte. Die Wirtspflanzen der Raupen sind Pappeln und Weiden. Die noch nicht ausgewachsenen Raupen überwintern auf diesen Bäumen. Einige verbergen sich in Rindenspalten, andere befestigen sich mit Hilfe eines Seidenfadens an einer Knospe. Der Kleine Schillerfalter bringt es bei uns nur auf eine Generation im Jahr. In wärmeren Regionen seines Verbreitungsgebietes entwickelt sich eine zweite Generation. Die Schmetterlinge halten sich gern auf Waldlichtungen oder am Waldrand, bevorzugt in der Nähe von Flussufern, auf.

Apatura iris, *der Große Schillerfalter*

Apatura iris

## *Apatura iris*

*Apatura iris*, der Große Schillerfalter, ist von Westeuropa bis Ostasien verbreitet. Seinen Namen verdankt der Falter den besonderen Strukturfarben seiner Flügel. Je nachdem, in welchem Winkel das Licht auf die Flügeloberfläche trifft, verändert sich die Farbe von Braun in schillerndes Blau. Die Falter trinken eine Reihe von Flüssigkeiten: den Saft faulender Früchte sowie die Säfte, die aus Bäumen, Tierdung oder toten Tieren austreten. Große Schillerfalter legen ihre Eier an verschiedene Weidenarten (Salicaceae). Die wunderbar getarnten grünen Raupen ernähren sich von den Blättern. Im Herbst, wenn die Blätter braun werden, wechseln auch die Raupen ihre Farbe. Diese braunen Raupen überwintern in Astgabeln. Im Frühjahr wachsen sie weiter, bis sie sich im Mai verpuppen. Pro Jahr entwickelt sich eine Generation. Die Schmetterlinge fliegen im Juli.

Callicore cynosura, *Unterseite*

Callicore cynosura, *Oberseite*

## Callicore cynosura

*Callicore cynosura* ist ein typischer Repräsentant der südamerikanischen Gattung *Callicore*, die früher auch als *Catagramma* bezeichnet wurde. Die roten Areale auf der Flügeloberseite soll Fressfeinde warnen und von einem Angriff abhalten. Die Unterseite der Vorderflügel ist ebenso gezeichnet, die Grundfarbe ist jedoch orange. Die Unterseite der Hinterflügel zeigt ein ungewöhnliches Muster, in dem sich die Buchstaben „a“ und „B“ unterscheiden lassen. *Callicore cynosura* hat eine Flügelspannweite von 5,5–6 cm.

Callicore hydaspes, *Oberseite*

Callicore hydaspes, *Unterseite*

## Callicore hydaspes

Das Verbreitungsgebiet von *Callicore hydaspes* ist auf Paraguay und die benachbarten Teile Brasiliens beschränkt. Männchen und Weibchen trinken den Saft faulender Früchte und die Feuchtigkeit in Tierdung. Nur die Männchen saugen in feuchtem Sand Wasser und die darin gelösten Mineralstoffe. Nur zu diesem Zweck lassen sich die Schmetterlinge am Boden nieder, sonst kreisen sie gewöhnlich um die Wipfel der Regenwaldbäume. *Callicore hydaspes* ist mit einer Flügelspannweite von 4–4,5 cm ein relativ kleiner Vertreter seiner Gattung. Die Raupen, deren Wirtspflanzen zur Familie Sapindaceae gehören, tragen zahlreiche Dornen auf dem Rücken und auf dem Kopf große verzweigte Auswüchse, die wie Geweihe aussehen.

## Callicore pitheas

*Callicore pitheas* lebt in einem Gebiet, das sich von Mexiko bis Venezuela und Ecuador reicht. Die Schmetterlinge kommen in Trockenwäldern in Höhenlagen zwischen 0 und 1200 m vor. Man findet sie gewöhnlich in der Nähe von Waldwegen und im offenen Gelände in voller Sonne. In der Regenzeit fliegen sie in großer Zahl umher, in der Trockenzeit hingegen ist kaum ein Schmetterling zu sehen. Die Flügelspannweite

Callicore pitheas, *Unterseite*

beträgt 5–6 cm. *Callicore pitheas* hat auf der Oberseite seiner Flügel zahlreiche rote Felder, vermutlich Warnfarben, die Fressfeinden mitteilen, dass die Art ungenießbar ist. Die Wirtspflanze der Raupen gehören zur Familie Sapindaceae.

Callicore sorana, *Unterseite*

## *Callicore sorana*

*Callicore sorana* lebt in den Wäldern von Brasilien, Paraguay und Bolivien und hält sich hauptsächlich in der Nähe von Bächen und Flüssen auf. Obwohl zahlreiche Schmetterlinge der Gattung *Callicore* wegen ihre außergewöhnlichen Zeichnung auf der Unterseite der Hinterflügel gejagt und gefangen werden, wissen wir nur wenig über die unausgereiften Stadien. Auf der Unterseite der Hinterflügel lassen sich verschiedene Ziffern wie 0, 6 und 8 ausmachen. *Callicore sorana* trägt unübersehbar die Nummer 80. Die Flügelspannweite dieses Schmetterlings beträgt 5–6 cm.

Charaxes ameliae

## *Charaxes ameliae*

*Charaxes ameliae* hat ein Verbreitungsgebiet, das von Westafrika bis Malawi und Uganda reicht. Sein Lebensraum ist der Wald, wo er den gärenden Saft trinkt, der aus verletzten Bäumen austritt. Besonders in der feuchten Jahreszeit von Mai bis Juni kann man eine Menge dieser Schmetterlinge sehen. Die Puppe von *Charaxes ameliae* ist sehr gut getarnt, denn sie lässt sich kaum von den echten johannisbeerartigen Früchten unterschieden, die an den Sträuchern wachsen. Der Schmetterling hat eine Flügelspannweite von 6–9 cm. Nur die Männchen tragen auf der Flügeloberfläche ein Muster aus schillernd blauen Flecken; die der Weibchen sind weiß.

Charaxes bohemani

## *Charaxes bohemani*

*Charaxes bohemani* lebt im Süden Afrikas, Sambia, Malawi, Zaire, Kenia und Botswana. Er ist ein Bewohner von Savannen mit lockerem Buschbestand und von Waldgebieten mit viel offenem Gelände. Dichten Wald mag er nicht. Die Wirtspflanzen der Raupen sind *Afzelia* (Leguminosae) und Sorghum (Graminaceae). Die Größe dieser Art variiert; die Flügelspannweite der Schmetterlinge beträgt zwischen 7,5 und 10 cm. *Charaxes bohemani* lässt sich leicht an der blauen und schwarzen Färbung seiner Flügeloberseite erkennen. Nur bei den Weibchen läuft ein ein auffälliges weißes Band über die Oberseite der Vorderflügel.

## *Charaxes eupale*

Das Verbreitungsgebiet von *Charaxes eupale* erstreckt sich von Sierra Leone in Westafrika bis nach Kenia. Der Schmetterling ist ein typischer Waldbewohner, der sich vom Saft gärender Früchte und anderen verrottenden Pflanzenteilen ernährt. Mit einer Flügelspannweite von 5,5–6 cm ist *Charaxes eupale* ein relativ kleiner Vertreter seine Gattung. Die Weibchen sind gewöhnlich größer als die Männchen. *Charaxes eupale* weist auf der Unterseite seiner Flügel eine wunderbare dunkelgrüne Tarnfärbung auf. Wenn der Schmetterling in Ruhestellung die Flügel über dem Rücken zusammenlegt, ist er kaum mehr zu sehen.

Charaxes eurialus, *Oberseite*

## *Charaxes eurialus*

*Charaxes eurialus* kommt nur auf den Molukken vor und gehört damit zu den wenigen *Charaxes*-Arten außerhalb Afrikas. Die Schmetterlinge sind kraftvolle Flieger und zeigen das für diese Gattung typische

Charaxes eupale

Charaxes eurialus, *Unterseite*

Äußere: einen recht langen, dicken Körper und breite, dreieckige Vorderflügel. An den Hinterflügeln sitzen kurze Schwänze. Die wundervolle Färbung der Flügeloberseite erstreckt sich auf die Unterseite, auch wenn die Musterung der Unterseite komplexer und raffinierter ist. Die Schmetterlinge besuchen fast nie Blüten, sondern trinken die Säfte, die aus faulenden Früchten oder verletzten Bäumen austreten. An sumpfigen Stellen trinken die Männchen Wasser mit darin gelösten Mineralstoffen. Sie können auch einen Tropfen Wasser aus ihrem Saugrüssel ausscheiden, um Salze zu lösen, die sie anschließend aufsaugen.

Charaxes jasius

## *Charaxes jasius*

*Charaxes jasius*-Weibchen haben eine Flügelspannweite von mehr als 8 cm und gehören damit zu den größten Nymphaliden. Die Flügeloberseite ist braun mit orangefarbenem Rand, die Unterseite trägt hingegen ein wunderbares Farbmuster. *Charaxes jasius* ist im Mittelmeergebiet und weiten Teilen der afrikanischen Tropen zu Hause. Die Wirtspflanze der Raupen ist der Erdbeerbaum (Ericaceae). Die Männchen trinken an morastigen Stellen Wasser; beide Geschlechter lieben den Saft faulender Früchte. Manchmal trinken sie so viel, dass sie zu schwer oder zu betrunken sind, um noch richtig fliegen zu können.

Charaxes polyxena

## *Charaxes polyxena*

*Charaxes polyxena* ist ein asiatischer Vertreter der Gattung *Charaxes*, der in Sri Lanka, Indien, Pakistan und Burma vorkommt. Der Schmetterling lebt in Regenwäldern, wo er die meiste Zeit die Baumwipfel umkreist. Bei seinen Wirtspflanzen ist *Charaxes polyxena* nicht besonders wählerisch, denn die Raupen ernähren sich von Pflanzen, die zu einem großen Spektrum von Familien gehören, darunter Annanaceae, Meliaceae und Leguminosae. Mit einer Flügelspannweite von 9–11,5 cm ist der Schmetterlinge ist ein relativ großer Vertreter seiner Gattung. Von dieser Art sind viele Unterarten bekannt. Die Männchen haben doppelt geschwänzte Hinterflügel, die der Weibchen sind nur einfach geschwänzt.

## *Charaxes smaragdalis*

*Charaxes smaragdalis* kommt in Westafrika, von Sierra Leone bis Ghana, häufig vor. Die

Charaxes smaragdalis

Schmetterlinge sind kräftige Flieger, die immer wieder Gleitflugphasen einlegen. Sie ernähren sich vom Saft faulender Früchte. Die Flügelspannweite beträgt bei Männchen und Weibchen 8 cm. Die Geschlechter lassen sich an Hand der Färbung ihrer Flügeloberseite unterscheiden. Das Blau der Männchen ist viel dunkler und schimmert stärker als das der Weibchen.

Colobura dirce

## *Colobura dirce*

*Colobura dirce* ist der einzige Repräsentant seiner Gattung. Man findet ihn in Mexiko, Mittelamerika und im nördlichen Südamerika. Er ist ein schneller Flieger und legt seine Eier an Schwalbenwurzgewächse (Asclepiadaceae). Die Raupen spinnen sich eine seidene Schutzhülle, die sie selbst zum Fressen nicht verlassen. Die Schmetterlinge tragen auf den Schwänzen auffällige Augen und auf der Flügelbasis eine Zeichnung, die an die Streifung eines Zebras erinnert.

Euxanthe wakefieldi

## *Euxanthe wakefieldi*

*Euxanthe wakefieldi* ist im Osten und Südosten Afrikas zu Hause. Die Schmetterlinge fliegen gern an schattigen Plätzen, wo sie wegen ihrer schwarzweißen Zeichnung schwer auszumachen sind. Die weißen Flecken auf den Flügeln der Männchen weisen im Sonnenlicht einen grünen Schimmer auf, den die Weibchen nicht zeigen. Die Wirtspflanze der Raupen ist *Deinbollia*. Die Raupen tragen auf dem Kopf zwei kleine und zwei große Hörner.

## *Hypolimnas bolina*

*Hypolimnas bolina* lebt in Indien, Pakistan, Südostasien und Australien. Die Männchen tragen auf ihren Flügeln weiße Flecken, die purpurn schillern, wenn das Sonnenlicht im richtigen Winkel darauf fällt. Während die Männchen im ganzen Verbreitungsgebiet gleich aussehen, unterscheiden sich die Weibchen von Gegend zu Gegend durchaus.

Hypolimnas bolina

Hypolimnas dexithea

Hypolimnas bolina, *Weibchen*

Einige imitieren giftige Schmetterlinge der Gattung *Euploea*. Die Raupen von *Hypolimnas bolina* sind nicht sehr wählerisch. Sie ernähren sich von Pflanzen der Familien Acanthaceae, Amaranthaceae, Polygoniaceae und Rutaceae.

## *Hypolimnas dexithea*

Im Gegensatz zu den anderen Arten dieser Gattung hat *Hypolimnas dexithea* ein sehr

Hypolimnas bolina

kleines Verbreitungsgebiet. Man findet diesen Schmetterling nur auf Madagaskar, und dort auch nur in den Waldgebieten im Norden der Insel. Der Schmetterling ist auch insofern einzigartig, als Ober- und Unterseite der Flügel fast gleich gezeichnet sind.

Hypolimnas misippus

## *Hypolimnas misippus*

*Hypolimnas misippus* ist in Indien und Pakistan, Australien, Süd- und Nordamerika zu Hause. Nicht viele Schmetterlinge haben ein derart großes Verbreitungsgebiet, dabei unterscheiden sich die Falter insgesamt kaum. Die Männchen sehen wie die von *Hypolimnas bolina* aus, während die Weibchen Schmetterlinge der Gattung *Danaus* imitieren. Da diese Gattung giftig ist, werden die Weibchen von *Hypolimnas misippus* ebenfalls von Räubern gemieden.

Kallima inachus

Kallima inachus *trinkt Tau*

## *Kallima inachus*

*Kallima inachus*, der Indische Blattschmetterling, kommt in Indien, Pakistan, Burma, China und Taiwan vor. Die Schmetterlinge fliegen recht schnell im Regenwald umher, wo man sie gewöhnlich in der Nähe von Flussufern findet. Sie ernähren sich vom Saft faulender Früchte. Die Wirtspflanzen der Raupen sind *Girardinia* (Urticaceae) und *Strobilanthus* (Acanthaceae). Die Flügeloberseite ist blau schimmernd mit einem orangefarbenen Band, die Unterseite hingegen ist braun und sieht wie ein trockenes Blatt inklusive Mittelrippe aus. Der Schwanz an den Hinterflügeln stellt den Stängel des Blattes dar. Aus diesem Grund werden *Kallima*-Arten auch als Blattschmetterlinge bezeichnet.

## *Lexias adonia*

*Lexias (Euthalia) adonia* ist auf den indonesischen Inseln Java, Sumatra und Borneo

Lexias adonia

Lexias dirtea, *Männchen*

verbreitet. Die Schmetterlinge leben im Regenwald, wo sie sich meist in der Nähe von Pfaden und Flüssen aufhalten. Sie ernähren sich hauptsächlich vom Saft faulender Früchte. Ihre Flügelspannweite variiert zwischen 5 und 7 cm. Die Weibchen sind etwas größer als die Männchen, außerdem tragen sie über der Mitte der Vorder- und Hinterflügel ein breites Band mit weißen Flecken, das den Männchen fehlt.

## *Lexias dirtea*

*Lexias dirtea*, früher als *Euthalia dirtea* bekannt, kommt in Indien, Pakistan, Burma, Malaysia und Indonesien vor. Die Männchen sind schwarz mit einem blauen Streifen längs des Randes der Hinterflügel; die Weibchen sind viel größer und dunkelbraun mit vielen gelben Flecken. Die Schmetterlinge sind Dschungelbewohner. Die Männchen trinken den Saft faulender Ananasfrüchte.

Lexias dirtea, *Weibchen*

Lexias phemius

## *Lexias phemius*

*Lexias (Euthalia) phemius* ist in einem großen Teil Südostasiens, von Burma bis Hongkong, zu Hause. Männchen wie Weibchen trinken den Saft faulender Früchte und saugen aus feuchtem Sand oder Schlamm Wasser mit darin gelösten Mineralstoffen auf. Weibchen können es auf eine Flügelspannweite von 6 cm bringen, Männchen erreichen nicht mehr als 4 cm. Die Weibchen lassen sich an den weißen Streifen erkennen, der sich diagonal über die Vorderflügel zieht, die Männchen tragen ein blau schillerndes Feld am Rand ihrer Hinterflügel.

Limenitis camilla, *der Kleine Eisvogel*

## *Limenitis camilla*

*Limenitis camilla*, der Kleine Eisvogel, bewohnt Waldlandschaften in den gemäßigten Regionen Europas und Asiens. Die Schmetterlinge trinken Nektar aus Blüten und die Flüssigkeit, die aus verschiedenen Arten verrottender Pflanzen austritt. Die Wirtspflanze der Raupen ist Geißblatt (Caprifoliaceae). Die noch unausgewachsenen Raupen überwintern in einem Gespinst, das sie an einem Zweig der Wirtspflanze weben. Pro Jahr entwickelt sich eine Generation.

Neptis sappho

## *Neptis sappho*

*Neptis sappho* hat ein Verbreitungsgebiet, das sich von Osteuropa bis nach Ostasien erstreckt. In gemäßigten Regionen fliegen die Falter im Mai und Juni, in wärmeren Gebieten auch im August und September. Seine Wirtspflanze ist die Platterbse (Leguminosae). Dieser kleine Schmetterling hat eine Flügelspannweite von nur 4 cm. Die Flügeloberseite ist schwarz-weiß gezeichnet, die Unterseite trägt ein gelb-weißes Streifenmuster. *Neptis*-Arten haben eine ungewöhnliche Flugweise: Während des Fluges strecken sie ihre Flügel waagerecht aus und gleiten für eine kurze Weile.

## *Parthenos sylvia*

*Parthenos sylvia* lebt in Südostasien, von Indien über Malaysia bis Neuguinea. Die Färbung der Flügeloberseite variiert von Region zu Region und kann neben Braun auch Grün, Blau oder sogar Orange aufweisen. Die weißen Flecken markieren Stellen, an denen keine farbigen Schuppen sitzen und die daher transparent sind. Die Wirtspflanze der Raupen ist *Adenia* (Passifloraceae). *Parthenos sylvia* ist ein Waldbewohner und fliegt gewöhnlich hoch oben um die

Parthenos sylvia, *blaue Form*

Parthenos sylvia

Salamus anactus

Baumwipfel. Manchmal versammeln sich große Schwärme dieser Schmetterlinge am Flussufer, um Wasser aus dem feuchten Sand zu saugen.

## *Salamis anactus*

*Salamis anactus* ist ein typischer Vertreter dieser Gattung von perlmutterweißen Schmetterlingen, deren Verbreitung sich fast völlig auf Afrika beschränkt. Diese Schmetterlinge besitzen eine typische weiße Flügeloberseite mit kleinen violettfarbenen Augenflecken, während die Unterseite in Färbung und Zeichnung wie ein Blatt aussieht. Der Lappen an der Spitze der Vorderflügel und der Schwanz an den Hinterflügeln verstärken die Ähnlichkeit mit einem Blatt. Die Flügelspannweite beträgt 8–9 cm.

## *Salamis duprei*

*Salamis duprei* kommt nur auf Madagaskar vor. Die Wirtspflanzen der Raupen gehören

Salamis duprei

Salamis duprei

zur Familie Acanthaceae. In Ruhestellung faltet *Salamis duprei* seine Flügel über dem Rücken zusammen. Dank der Tarntracht der Flügelunterseiten sieht er dann wie ein Blatt am Baum aus.

Salamis parhassus

## *Salamis parhassus*

*Salamis parhassus* besitzt ein Verbreitungsgebiet, das das gesamte tropische Afrika südlich der Sahara umfasst. In Wäldern und dichtem Buschland ist dieser Schmetterling häufig. Er fliegt das ganze Jahr hindurch. Oft hockt er im Laubwerk und unternimmt hin und wieder einen kurzen Flug. Die Wirtspflanze der Raupen sind Pflanzenarten, die zur Gattung *Asystadia* und *Isoglossa* (Acanthaceae) gehören. Die Schmetterlinge haben eine Flügelspannweite von 7,5–10 cm; beide Geschlechter sehen gleich aus. Ihr Habitus variiert mit den Jahreszeiten. Die Schmetterlinge sind in der Regenzeit dunkler und kleiner und die Lappen an den Vorderflügeln viel zierlicher als bei den Schmetterlingen in der Trockenzeit.

Siproeta epaphus

## Siproeta epaphus

*Siproeta epaphus* hat ein Verbreitungsgebiet, das von Mexiko bis Peru reicht. Der Schmetterling bewohnt tropische Regenwälder in höheren Lagen. Etwa zwei Meter über dem Boden patrouilliert er am Waldrand entlang und sucht nach *Lantana*-Blüten. Männchen und Weibchen trinken Nektar, doch nur die Männchen saugen Wasser und gelöste Mineralstoffe aus dem feuchten Sand. *Siproeta epaphus*-Weibchen legen ihre Eier in Gruppen an junge Blätter von *Ruellia* und *Acanthus* (Acanthaceae). Die Raupen tragen pro Segment drei Dornen und auf dem Kopf zwei Hörner. Wegen dieser Dornen werden sie von Fressfeinden, wie Vögeln, in der Regel gemieden.

Siproeta stelenes

Siproeta stelenes, *Unterseite*

## Siproeta stelenes

*Siproeta stelenes* kommt vom Süden der USA bis ins Amazonasgebiet vor. In Mittelamerika ist er einer der häufigsten Schmetterlinge. Die Falter lieben es, in der prallen

Siproeta stelenes

Sonne zu fliegen, und sie suchen nicht nur nach Blüten, sondern trinken auch den Saft faulender Früchte und die Flüssigkeit, die aus Tierdung und toten Tieren austritt. Die Wirtspflanzen der Raupen sind *Ruellia* und *Acanthus* (Acanthaceae). *Siproeta stelenes* sieht den giftigen Schmetterlingen der Gattung *Heliconius* sehr ähnlich, ein schönes Beispiel für Mimikry.

Telchinia violae

## Telchinia violae

*Telchinia violae* ist ein kleiner Schmetterling, der in Sri Lanka und Indien beheimatet ist. Seine Flügelspannweite beträgt weniger als 3 cm. Männchen und Weibchen lassen sich nur schwer voneinander unterscheiden. Die Wirtspflanzen der Raupen gehören zu den Familien Cucurbitaceae und Passifloraceae. *Telchinia violae* ist kein schneller Flieger, aber auf Sri Lanka dennoch ein Wanderfalter.

Vindula arsinoe, *Weibchen*

Vindula, *Männchen*

## *Vindula arsinoe*

Das Verbreitungsgebiet von *Vindula arsinoe* erstreckt sich von Malaysia bis Nordaustralien. Die Schmetterlinge leben im Regenwald. Die Weibchen fliegen gewöhnlich sehr hoch, die Männchen kommen an den Boden herab, um Blüten - besonders *Lantana* - zu besuchen; sie trinken auch die Säfte, die aus toten Tieren und Säuger- bzw. Vogelkot austreten. Wenn sie Wasser und gelöste Mineralstoffe aus feuchtem Sand aufsaugen, scheiden sie auch Flüssigkeitströpfchen aus dem Hinterleib ab. Diese Flüssigkeit besteht wahrscheinlich vorwiegend aus Wasser und dient dazu, den Sand zu befeuchten, um Salze zu lösen. Die Weibchen legen jeweils ein Ei an eine Ranke ihrer Wirtspflanzen *Adenia heterophylla* und *Passiflora aurantia* (Passifloraceae). Die Flügelspannweite männlicher Falter beträgt nicht mehr als 7,5 cm, die Weibchen bringen es auf 9 cm. Beide Geschlechter unterscheiden sich deutlich in der Flügelfärbung.

Argynnis paphia, *der Kaisermantel*

Vindula erota, *Weibchen*

## *Vindula erota*

*Vindula erota* ist in Indien, Pakistan, Burma, Thailand, Malaysia und Indonesien verbreitet. Auf offenem Gelände wie im Dschungel ist diese Art recht häufig. Die Schmetterlinge trinken Nektar; dabei bevorzugen sie *Lantana*-Blüten. Als Wirtspflanzen dienen den Raupen verschiedene Passionsblumenarten (Passifloraceae). Die gelb-braunen Raupen sind am ganzen Körper bedornt und tragen auf dem Kopf ein Paar Hörner. Die Puppe sieht wie ein vertrocknetes Blatt aus und ist kaum als Puppe zu erkennen. Die Schmetterlinge haben eine Flügelspannweite von 7–9,5 cm. An der Basis der Vorder- und Hinterflügel verläuft längs des breiten, orange-braunen Bandes ein weißes Band. Die Hinterflügel sind geschwänzt.

Argynnis paphia valesina

# Perlmutterfalter

## *Argynnis paphia*

*Argynnis paphia*, der Kaisermantel oder Silberstrich, ist ein großer Perlmutterfalter, der von Nordafrika über Europa bis Ostasien verbreitet ist. Die Männchen lassen sich an den Duftschuppenstreifen auf der Oberseite der Vorderflügel erkennen. Neben der rotbraunen Variante dieses Schmetterlings gibt es auch noch eine dunkelbraune: *forma valesina*. Der Kaisermantel ist in Wäldern und Parklandschaften zu Hause, wo seine Wirtspflanzen, verschiedene Veilchenarten (Violaceae), wachsen. Sobald die Raupen schlüpfen, verkriechen sie sich in Rindenspalten eines Baumes, der in der Nähe der Veilchen steht. Hier können sie sicher überwintern. Die Falter können mehr als sieben Wochen alt werden.

Boloria aquilonaris, *der Preiselbeer-Perlmutterfalter*

## *Boloria aquilonaris*

Man findet *Boloria aquilonaris*, den Preiselbeer-Perlmutterfalter, nur in Moorgebieten Europas und Westasiens. Seinen Namen verdankt der Schmetterling der Hauptwirtspflanze der Raupen, der Preiselbeere (Ericaceae). Die Raupen überwintern im Torfmoos verborgen. Nach zwei Monaten sind sie voll ausgewachsen und verpuppen sich. Die Falter fliegen im Juli. Dieser sehr seltene Perlmutterfalter bringt es nur auf eine Generation im Jahr.

Boloria aquilonaris, *Paarung*

Chlosyne ianais

## Brenthis daphne

*Brenthis daphne*, der Brombeer-Perlmutter-

Brenthis daphne, *der Brombeer-Perlmutterfalter*

falter, hat ein Verbreitungsgebiet, das sich über ganz Europa und Asien erstreckt. Die Weibchen legen ihre Eier an Brombeersträucher (Rosaceae), und zwar besonders gerne dann, wenn diese am Waldrand oder am Flussufer stehen. Die Eier, die an alten, vertrockneten Blüten abgelegt werden, überwintern dort. Pro Jahr entwickelt sich eine Generation. Die Schmetterlinge fliegen im Juli.

## Closyne janais

*Closyne janais* ist ein kleiner Schmetterling, der von Mexiko bis Kolumbien verbreitet ist. Die wichtigste Wirtspflanze ist *Odontonema*, doch die Raupen fressen auch andere Acanthaceen. Die Weibchen legen ihre Eier in Gruppen ab. Schon kurz nach der Eiablage schlüpfen die Raupen. Gerade befruchtete Weibchen sind so schwer, dass sie Schwierigkeiten haben zu fliegen. Raupen eines Geleges bleiben in Gruppen zusammen und fressen an derselben Wirtspflanze. Die Schmetterlinge fliegen in offenem Gelände, und besonders in der Trockenzeit kann man sie in sehr großer Zahl beobachten. Männchen und Weibchen besuchen regelmäßig Blüten, um Nektar zu saugen. Wenn sie trinken, fallen sie sofort ins Auge, weil sie ständig ihre Flügel bewegen.

Clossiana dia, *der Kleinste Perlmutterfalter*

## Clossiana dia

*Clossiana dia*, der Kleinste Perlmutterfalter, auch Magerrasen- oder Hainveilchen-Perlmutterfalter, ist in europäischen und asiatischen Steppengebieten zu Hause. Die Schmetterlinge trinken an den Blüten von Krautpflanzen Nektar. Die Eier werden an verschiedene Veilchengewächse (Violaceae) abgelegt. Die noch unausgewachsenen Rau-

Clossiana dia

Clossiana selene, *der Braunscheckige Perlmutterfalter*

pen überwintern in der Laubstreu. Im Frühjahr wachsen sie rasch heran und verpuppen sich. Die Schmetterlinge fliegen im Mai, die der zweiten Generation im Juli und August.

## *Clossiana selene*

*Clossiana selene*, der Braunscheckige Perlmutterfalter, lebt in kühlen und feuchten Regionen von Europa, Asien und Nordamerika, denn die Veilchenarten (Violaceae), an die die Weibchen ihre Eier legen, wachsen auf Torfmooren, Marschland und feuchten Grasflächen. Die noch unausgewachsenen Raupen überwintern in der Laubstreu. Im Frühjahr wachsen die Raupen rasch heran und ernähren sich von den frischen, jungen Veilchen. Die Schmetterlinge fliegen von Juni bis Juli. Manchmal entwickelt sich eine zweite Generation.

## *Dynamine mylitta*

*Dynamine mylitta* ist ein auffälliger Schmetterling, dessen Verbreitungsgebiet sich von Mexiko bis weit nach Südamerika erstreckt.

Clossiana selene

Dynamine mylitta

Die Eier werden an Euphorbiaceen abgelegt. Die Raupen fressen vorwiegend Knospen, Blüten und junge Blätter. Sie sehen täuschend echt wie Blütenknospen aus. Die Schmetterlinge fliegen in praller Sonne am Waldrand entlang, wo ihre Wirtspflanze wächst. Die Weibchen fliegen selbst dann, wenn sie keine Eier legen, nur kurze Strecken. Die Männchen legen hingegen weite Entfernungen zurück, um im nassen Sand am Flussufer Wasser zu trinken. Sie saugen auch die Flüssigkeit auf, die aus Säugerexkrementen tritt. Beide Geschlechter besuchen gern die Blüten von Asteraceen.

Issoria lathonia, *der Kleine Perlmutterfalter*

## *Issoria lathonia*

*Issoria lathonia*, der Kleine Perlmutterfalter, ist in weiten Teilen von Nordafrika, Europa und Asien verbreitet. Die Schmetterlinge ernähren sich von Blütennektar. Die Weibchen suchen nach Veilchengewächsen (Violaceae), gewöhnlich Acker-Stiefmütterchen, um ihre Eier abzulegen. Die noch unausgewachsenen Raupen verstecken sich in der Laubstreu, um dort sicher zu überwintern. Jedes Jahr entwickeln sich zwei bis drei Generationen.

Melitaea cinxia, *der Wegerich-Schneckenfalter*

## *Melitaea cinxia*

*Melitaea cinxia*, der Wegerich-Schneckenfalter, ist in den warmen Regionen Europas und Asiens weit verbreitet. Die Weibchen legen zahlreiche Eier an Wegerichblätter (Pantaginaceae). Die Raupen bleiben in großen Gespinstnestern beieinander; manchmal findet man 100–200 Raupen in einem solchen Nest. Nach einigen Häutungen spinnen sie sich in der Laubstreu ein, um zu überwintern. Im Frühjahr fressen sie die frischen, nahrhaften Wegerichblätter, wachsen aber nur sehr langsam. Erst im Juni fliegen die Schneckenfalter über die blühenden Grasflächen.

Melitaea didyma, *der Rote Schneckenfalter*

## ***Melitaea didyma***

*Melitaea didyma*, der Rote Schneckenfalter,

Melitaea didyma

Melitaea didyma

ist überall in den warmen und sehr warmen Regionen von Nordafrika und Europa bis nach Mittelasien zu finden. Er sucht auf trockenen, blütenreichen Wiesen nach Nektar. Als Wirtspflanzen dienen den Raupen verschiedene Arten von Wegerich (Plantaginaceae) und Löwenmäulchen (Scrophulariaceae). Die Raupen leben in Gruppen aus vielen Dutzend zusammen in einem Gespinst. Der Rote Schneckenfalter überwintert im Raupenstadium. Pro Jahr entwickelt sich einen Generation. Die Schmetterlinge fliegen im Juli.

## *Mellicta athalia*

*Mellicta athalia*, der Gemeine oder Wachtelweizen-Schneckenfalter, ist in großen Teilen von Europa und Asien weit verbreitet. Er lebt gern an Waldrändern und in offenem Gelände. Verschiedene Wegerich- (Plantaginaceae) und Braunwurz-Arten (Scrophulariaceae) dienen den Raupen als Wirtspflanze. Die Weibchen legen Dutzende von Eiern an diese Pflanzen. Die Raupen spinnen sich zwischen deren Blättern Nester und bleiben zusammen. Sie überwintern in noch nicht ausgewachsenem Zustand. Im Frühjahr wachsen sie rasch und verpuppen sich. Pro Jahr entwickelt sich eine Generation; die Falter treten lokal in großen Mengen auf.

Mellicta athalia, *der Gemeine Schneckenfalter*

## *Mellicta britomartis*

*Mellicta britomartis*, der Östliche Schneckenfalter, hat ein Verbreitungsgebiet, das sich von Deutschland und Osteuropa bis nach Ostasien erstreckt. Die Wirtspflanzen der Raupen gehören zur Familie der Plantaginaceae und Scrophulariaceae. Manchmal legen die Weibchen ihre Eier in Haufen von mehr als hundert Stück ab. Die Raupen bleiben zusammen. Sie überwintern gemeinsam in einem Gespinst in der Laubstreu. Im Frühjahr wachsen sie weiter und verpuppen sich schließlich. Pro Jahr gibt es eine Generation. Die Falter fliegen von Ende Juni bis

Mellicta athalia

Mesoacidalia aglaja, *der Große Perlmutterfalter*

Mellicta britomartis, *der Östliche Schneckenfalter*

Anfang August. Mit einer Flügelspannweite von weniger als 2 cm ist *Mellicta britomartis* einer der kleinsten Nymphaliden.

## *Mesoacidalia aglaja*

*Mesoacidalia aglaja*, der Große Perlmutterfalter, kommt von Westeuropa bis nach Ostasien vor. Die Schmetterlinge bewohnen eine Vielfalt von Lebensräumen – Grasland, Heidelandschaften und Sumpfgebiete, wo Veilchengewächse (Violaceae) gedeihen. Verschiedene Veilchenarten dienen den Raupen als Wirtspflanzen. An diese Wirtspflanzen legen die Weibchen ihre Eier. Sobald die Raupen schlüpfen, kriechen sie in die Laubstreu, um zu überwintern. Im Frühjahr kehren sie auf die jungen Veilchen zurück, um zu fressen. Pro Jahr entwickelt sich eine Generation.

Greta oto

# 13 Kleine Tagschmetterlingsfamilien

## Acraeidae

Die meisten Vertreter der Familie Acraeidae leben in Afrika, einige wenige Arten auch im tropischen Südostasien; eine Gattung kommt in Amerika vor. In Afrika gibt es mehr als 150 Arten. Einige leben im Regenwald, andere in Wüstengebieten. Die Raupen vieler Arten ernähren sich von Passionsblumen und sind daher giftig. Viele andere Schmetterlinge imitieren Aussehen und Verhalten von *Acraea*-Arten.

Acraea egina

### *Acraea egina*

*Acraea egina* ist im ganzen tropischen Afrika bis in den Norden von Simbabwe und Mosambik verbreitet. Er ist ein Waldbewohner, der gewöhnlich zwei bis drei Meter über dem Boden fliegt. Blüten werden nur selten besucht. Die Flügelspannweite des Schmetterlings beträgt 6–9 cm. *Acraea egina* ist typischer Vertreter einer Gattung mit 150 Arten, die von wenigen Ausnahmen abgesehen alle in Afrika leben. Die Schmetterlinge sind langsame Flieger mit vielen roten Flecken auf den Flügeln, die Vögel und andere Insektenfresser vor ihrer Ungenießbarkeit warnen. Viele andere Schmetterlingsarten, beispielsweise *Graphium ridleyanus*, die ungiftig sind, imitieren das *Acraea*-Farbmuster, um Feinde zu täuschen; ein exzellentes Beispiel für Mimikry.

Acraea encedon

### *Acraea encedon*

*Acraea encedon* ist in Afrika südlich des Äquators ein häufig vorkommender Schmetterling. Er hält sich gern an Flussufern auf, wo Ried wächst. Die Schmetterlinge sind wehrhaft; wenn sie gefangen werden, scheiden sie manchmal eine gelbliche, schaumige Flüssigkeit aus. Der Schaum enthält die sehr giftige Blausäure. Doch die Schmetterlinge übernehmen dieses Toxin nicht von ihrer Wirtspflanze, sondern produzieren diese Substanz in ihrem Körper. (Die Raupen ernähren sich von *Commelina*-Arten, die zwar giftig sind, jedoch keine Blausäure enthalten.) Die Schmetterlinge warnen Feinde durch ihre Flügelfärbung vor diesem Gift: *Acraea encedon* ist genauso gefärbt wie *Danaus chrysippus*. Beide Arten sind nicht verwandt, doch der Danaide lebt im gleichen Biotop und ist ebenfalls für Vögel und Säuger ungenießbar. Diese Form der Mimikry, bei der zwei sehr ähnliche Schmetterlinge giftig sind, wird als Müllersche Mimikry bezeichnet.

Acraea horta

## *Acraea horta*

*Acraea horta* gehört zu den häufigsten Schmetterlingen im Süden Afrikas. Die Männchen fallen sofort wegen ihrer rotschwarz gemusterten Vorderflügel auf, die Weibchen sind hingegen hellbraun. Die Vorderflügel beider Geschlechter sind fast transparent. Die Schmetterlinge sind das ganze Jahr hindurch aktiv. Wirtspflanze ist *Kiggelaria africana*, eine Art wilder Pfirsich, der giftige Inhaltsstoffe besitzt. Die Raupen, die sich von dieser Pflanze ernähren, sind daher ebenfalls giftig. Sie müssen sich bei Gefahr nicht verstecken, weil sie darauf vertrauen können, in Ruhe gelassen zu werden. Neben ihrer Ungenießbarkeit verfügen die Raupen zudem über gegabelte Dornen, um Feinde einzuschüchtern. Die bunten Schmetterlinge sind ebenfalls ungenießbar.

## *Acraea hova*

*Acraea hova* lebt nur auf Madagaskar. Das Verbreitungsgebiet der *Acraea*-Arten beschränkt sich vorwiegend auf den afrikanischen Kontinent. Die Raupen ernähren sich von giftigen Pflanzen, die zur Familie Aristolochiaceae und Apocynaceae gehören. Die Schmetterlinge sind für Insekten fressende Vögel giftig. Bei Gefahr scheiden sie einen Tropfen einer gelben, widerlich schmeckenden Flüssigkeit aus, die ins Maul oder in den Schnabel des Angreifers gelangt, worauf dieser den Falter sofort wieder ausspuckt. Meist überlebt das Opfer diese raue Behandlung. Viele andere Schmetterlingsarten imitieren das Aussehen von *Acraea hova*.

Acraea hova

Acraea natalica

### *Acraea natalica*

*Acraea natalica* ist im Afrika südlich des Äquators bis zum Südkap zu Hause. Das ganze Jahr hindurch ist er in Waldgebieten, Savannen und niedrigem Buschland häufig anzutreffen. Der Falter hat eine typische Form, einen langen Hinterleib und schmale Flügel, doch seine Flügelfärbung ist recht variabel. In gewissen Regionen hängen die Farbunterschiede von der Saison ab. In der Regenzeit sind die Schmetterlinge leuchtend rot mit tiefschwarzer Zeichnung, in der Trockenzeit hingegen viel kleiner und weniger leuchtend gefärbt.

Acraea zetes

### *Acraea zetes*

*Acraea zetes* ist ebenfalls in fast ganz Afrika südlich der Sahara verbreitet. Dieser Schmetterling kommt in Savannengebieten und am Rand von Waldgebieten häufig vor, tritt aber nur selten in großer Zahl auf. Seine Flügelspannweite beträgt 6–7,5 cm. Die Art lässt sich an dem auffällig gefärbten Fleck am Hinterleib und den schwarzen Streifen auf den Flügeln erkennen. Die Weibchen sind leuchtender gefärbt als die Männchen. Die Wirtspflanzen der Raupen gehören zur Familie Passifloraceae wie *Passiflora-*, *Moduca-* und *Adenia-*Arten, die allesamt giftig sind. Dieses Gift macht die gelb-schwarz gestreiften Raupen wie auch die Falter ungenießbar.

## Ithomiidae

Schmetterlinge aus der Familie Ithomiidae sind in Mittel- und Südamerika zu Hause. Fast alle sind Waldbewohner. Die Raupen der meisten Arten leben auf giftigen Pflanzen der Familie Solanaceae (Nachtschattengewächse). Die Schmetterlinge sind für Insektenfresser ungenießbar. Ihr Äußeres, ob das typische orangefarbene, gelbe und schwarze Streifenmuster oder die transparenten Flügel, wird von vielen anderen Schmetterlingsarten nachgeahmt. Von diesen Schmetterlingen kennen wir viele Beispiele für komplexe mimetische Beziehungen.

Dircenna dero

### *Dircenna dero*

*Dircenna dero* ist in Mexiko und Brasilien beheimatet. Er bewohnt Wälder in Höhenlagen zwischen 0 und 1000 m und hält sich gern in der Nähe von Flüssen auf oder dort, wo die Sonne durch das Laubwerk scheint.

Die Schmetterlinge fliegen das ganze Jahr hindurch, man trifft sie jedoch niemals in großer Zahl an. In manchen Zeiten verhalten sie sich wie Wanderfalter. Männchen und Weibchen besuchen *Inga-*, *Psychotria-* und *Lanatana*-Blüten. Die Männchen hocken auch auf verrottenden Pflanzen, wie *Senecio*, um Alkaloide zu extrahieren. Sie benötigen diese Substanzen, um daraus ihre Pheromone herzustellen. Die Wirtspflanze von *Dircenna dero* ist *Solanum ochraceoferrugineum* (Solanaceae). Die Schmetterlinge haben eine Flügelspannweite von 7–7,5 cm und lassen sich an ihren gelben Antennen erkennen.

*Die Raupe von* Greta oto

## *Greta oto*

*Greta oto* ist nur von Mexiko bis Panama verbreitet. Die Schmetterlinge legen ihre Eier an verschiedene *Cestrum*-Arten wie *C. lanatum* und *C. standleyi* (Familie Solanaceae). Die Weibchen legen nur jeweils ein Ei und suchen dann nach einer neuen Wirtspflanze. Manchmal kommen sie jedoch wieder zur selben Pflanze zurück, sodass am Ende doch mehrere Eier an eine Pflanze gelegt werden. Die grünen Raupen haben keine Dornen. *Greta oto* ist ein sehr häufiger Schmetterling mit glasartig transparenten Flügeln, der sich in einer Vielzahl von Lebensräumen zu Hause fühlt. Die Falter fliegen das ganze Jahr hindurch; zu manchen Zeiten trifft man sie in großer Zahl an, zu anderen lassen sich nur einige Exemplare blicken. Sie können in kurzer Zeit weite Strecken zurücklegen; wie berichtet wurde, schaffte ein *Greta oto*-Falter mehr als 40 km in 24 Stunden! Im Durchschnitt legen diese Falter rund 14 km am Tag zurück. Sie können sich dabei ganz sicher fühlen, denn sie sind nur schwer zu sehen, wenn sie in der prallen Sonne fliegen.

Ithomia patilla

## *Ithomia patilla*

Das Verbreitungsgebiet von *Ithomia patilla* reicht von Mexiko bis Panama. Er ist einer der häufigsten Ithomiiden. Man findet ihn in Höhenlagen zwischen 0 und 1600 m. Er lebt nicht nur in Waldgebieten, sondern in ganz unterschiedlichen Lebensräumen, weil er sich dann und wann auf Wanderschaft begibt. Beide Geschlechter besuchen die Blüten von *Inga-*, *Lantana-*, *Hamelia-* und *Psychotria*-Arten sowie vieler Asteraceen. Die Weibchen legen ihre Eier an *Witheringia-* und *Lycianthes*-Arten (Solanaceae). Die Raupen fressen nicht an den Rändern der Blätter, sondern nagen Löcher hinein. In Ruhestellung hocken sie am Rand der ausgefressenen Löcher. Raupen sowie Schmetterlinge sind für Insektenfresser ungenießbar.

Ithomia terra

## *Ithomia terra*

*Ithomia terra* ist in Südamerika von Costa Rica bis Bolivien verbreitet. Die Schmetterlinge leben in Wäldern an Berghängen in Höhenlagen zwischen 1000 und 2000 m. Sie fliegen gewöhnlich in Bodennähe und bevorzugen Schatten. Die Männchen verlassen frühmorgens den Wald, um Alkaloide aufzusaugen; zu anderen Tageszeiten bleiben sie im Wald. Im Gegensatz zu anderen Schmetterlingen der Gattung *Ithomia* zeigt *Ithomia terra* keine Neigung zum Wandern. Die Art ist recht selten, und wir wissen nicht viel über Eier und Raupen. Mit einer Flügelspannweite von 4,5–5 cm sind die Schmetterlinge recht kleine Vertreter ihrer Gattung.

## *Ithomia xenos*

Das Verbreitungsgebiet von *Ithomia xenos* beschränkt sich auf Costa Rica und Panama in Mittelamerika. Die Schmetterlinge bewohnen Regenwälder in Höhenlagen von 880–2000 m. Männchen und Weibchen fliegen hauptsächlich im Kronendach umher. Sie besuchen in tieferen Lagen *Lantana*-Blüten, in höheren diejenigen von *Senecio megaphylla*. Die Wirtspflanzen der Raupen sind *Witheringia*- und *Acnistus*-Arten (Solanaceae). *Ithomia xenos* gehört zu den wenigen Ithomiiden, deren transparente Flügel gelblich getönt sind.

Mechanitis isthmia

## *Mechanitis isthmia*

*Mechanitis isthmia* ist von Mexiko bis ins Amazonasgebiet verbreitet. Ist der Himmel

Ithomia xenos

bewölkt, bleiben die Schmetterlinge im Wald, bei Sonnenschein kommen sie zum Blütenbesuch heraus. Sie trinken überwiegend Nektar von *Eupatorium*-Blüten. Die Wirtspflanzen der Raupen sind Solanaceen. Diese Pflanzen enthalten Giftstoffe, die Raupen wie Schmetterlinge ungenießbar machen. Sowohl genießbare wie giftige Schmetterlinge ahmen die Färbung dieser Art nach. Aufgrund dieser Mimikry sehen viele Schmetterlingsarten aus verschiedenen Familien einander sehr ähnlich.

Mechanitis menapis

### *Mechanitis menapis*

Das Verbreitungsgebiet von *Mechanitis menapis* erstreckt sich von Mexiko bis Ecuador in Südamerika. Die Schmetterlinge sind Waldbewohner; sie bevorzugen Höhenlagen von 700–2000 m. Männchen und Weibchen besuchen *Inga*-, *Senecio*- und *Eupatorium*-Blüten. Die Weibchen suchen gewöhnlich frühmorgens nach Wirtspflanzen, die am Waldrand wachsen. Wirtspflanzen der Raupen sind *Solanum hispidium*, *S. torvum* und andere *Solanum*-Arten. Mit einer Flügelspannweite von 7,5–8 cm gehört *Mechanitis menapis* zu den größten Schmetterlingen der Gattung *Mechanitis*.

### *Mechanitis polymnia*

*Mechanitis polymnia* ist von Mexiko bis zum Amazonasgebiet zu Hause; er ist der häufigste Ithomiide und bevorzugt Höhenlagen

Mechanitis polymnia

von 0–1500 m, ist aber ansonsten nicht auf einen speziellen Lebensraum fixiert. Das ganze Jahr hindurch findet man die Schmetterlinge in schattigen Wäldern, in sonnigem offenen Gelände und sogar in Dörfern und Städten. Die Weibchen legen ihre Eier in Gruppen von 10–40 Stück an Pflanzen der Gattung *Solanum* (Solanaceae). Die Raupen leben in großer Zahl zusammen, ohne zu Kannibalen zu werden. Viele verwandte und nicht verwandte Schmetterlingsarten sind genauso gefärbt und haben eine bemerkenswert komplexe mimetische Beziehung. *Mechanitis polymnia* hat eine Flügelspannweite von 6,5–7,5 cm.

## Brassolidae

Schmetterlinge, die zur Familie Brassolidae gehören, kommen nur im tropischen Südamerika vor. Gewöhnlich handelt es sich um große Schmetterlinge mit auffälligen Augenflecken auf der Unterseite der Hinterflügel. Die meisten Arten sind in der Morgen- und der Abenddämmerung aktiv. Ihre Hauptnahrungsquelle sind die Säfte faulender Früchte.

### *Caligo atreus*

*Caligo atreus* ist von Mexiko bis Peru verbreitet. Dieser große Schmetterling lässt sich leicht an dem orangefarbenen Streifen erkennen, der über die Flügel läuft. Die Art zeigt einen eindrucksvollen Balzflug, bei

Caligo atreus

Caligo atreus, *Paarung*

dem Männchen und Weibchen ständig umeinander kreisen. Nach der Paarung legen die Weibchen ihre Eier an Pflanzen der Gattung *Musa* und *Heliconia*; deshalb können sie auf Bananenplantagen - Bananen gehören zur Gattung *Musa* - enorme Schäden anrichten. Es werden jeweils nur wenige Eier abgelegt, aber die Raupen entwickeln einen enormen Appetit und bleiben eng zusammen; wenn sie nicht fressen, bilden sie eine Art eng gepackter Kolonie. Sobald sie etwas größer geworden sind, strecken sie sich tagsüber längs der Mittelrippe des Blattes aus. Gegen Abend werden sie aktiv und fressen an den Blatträndern; morgens ziehen sie sich wieder zur Mittelrippe zurück. Die Schmetterlinge, die in der Morgen- und Abenddämmerung fliegen, saugen den Saft faulender Früchte.

## Caligo idomeneus

*Caligo idomeneus* kommt im Norden Südamerikas bis Argentinien vor. Dieser sehr große Schmetterling hat eine Flügelspann-

Caligo idomeneus

Raupe von Caligo memnon

## *Caligo memnon*

*Caligo memnon* ist einer der bekanntesten Brassoliden und von Mexiko bis ins Amazonasgebiet verbreitet. Auffällig sind Augenflecken auf der Unterseite ihrer Hinterflügel, die wie die Augen einer Eule aussehen und eine abschreckende Wirkung haben. Im Gegensatz zu den anderen Brassoliden mit auffälligen „Eulenaugen" ist *Caligo memnon*

Caligo memnon

weite von 14 cm. Die für diese Gattung typischen Augenflecken sind auf der Unterseite der Hinterflügel deutlich sichtbar. Die Art ist häufig. Die Falter sind Waldbewohner und fliegen morgens und abends. Männchen und Weibchen trinken den Saft faulender Bananen. Die Weibchen legen kleine Gelege an Bananenblätter (Musaceae). Manchmal kann diese Art große Schäden auf Bananenplantagen anrichten.

Caligo *auf einer faulenden Banane*

das ganze Jahr hindurch aktiv, sogar in der Trockenzeit. Der Schmetterling mag den tropischen Regenwald nicht besonders, schätzt aber die Regenzeit; dann fliegen die Tiere gewöhnlich in großer Zahl. Die Schmetterlinge sind in den Abendstunden aktiv und ernähren sich vom Saft faulender Früchte. Wirtspflanzen sind *Musa*-Arten. Die ungewöhnlich großen Raupen haben eine sehr harte Kopfkapsel. Überdies scheiden die Raupen eine Substanz ab, die sogar eine Kolonne Wanderameisen fernhält.

Caligo prometheus

## *Caligo prometheus*

*Caligo prometheus* ist in Ecuador und Kolumbien zu Hause. Mit einer Flügelspannweite von manchmal mehr als 15 cm gehört er zu den größten Brassoliden. Männchen und Weibchen sind gleich gefärbt. Am Außenrand der gelben Vorderflügel verläuft ein breiter dunkler Streifen. Die Hinterflügel sind dunkelbraun, wobei die Basis manchmal hell, manchmal aber auch leuchtend blau schillert.

## *Dynastor napoleon*

*Dynastor napoleon* kommt nur im brasilianischen Regenwald vor. Die Schmetterlinge sind morgens und abends aktiv. Anders als andere Brassoliden ernähren sich die Falter nicht vom Saft faulender Früchte. Die grünen Raupen haben einen gegabelten Schwanz und eine stark bedornte Kopfkapsel. Sie

Dynastor napoleon

leben auf Bromeliaceen. Die Puppe trägt eine ungewöhnliche Zeichnung; sie sieht wie ein Schlangenkopf aus, komplett mit Augen und Schuppen. Die Schmetterlinge haben eine Flügelspannweite von 12–16 cm, wobei die Weibchen deutlich größer sind als die Männchen. Beide Geschlechter sind gleich gefärbt. Die Hinterflügel tragen einen auffällig breiten orangefarbenen Rand. Die Unterseite der Hinterflügel sieht dank der dunklen Flügeläderung wie ein Blatt samt Blattnerven aus.

## *Eryphanis polyxena*

*Eryphanis polyxena* ist von Guatemala bis ins Amazonasgebiet verbreitet. Er bewohnt

Eryphanis polyxena, *Unterseite*

Regenwälder in Höhenlagen bis zu 1200 m und fliegt morgens und abends auf Waldlichtungen. Männchen und Weibchen ernähren sich von den Säften faulender Früchte. Die Wirtspflanze ist Bambus (Graminaceae). Die Raupen fressen nachts und

Eryphanis polyxena, *Oberseite*

verbringen den Tag an den Stängel oder an vertrocknete Blätter ihrer Wirtspflanze gedrückt. *Eryphanis polyxena* lässt sich u. a. an den stark verlängerten Hinterflügeln erkennen. Die Schmetterlinge haben eine Flügelspannweite von 8–10 cm. Die Flügeloberfläche der Männchen schillert wunderbar bläulich; der Innenrand der Hinterflügel trägt einen gelben Fleck aus Duftschuppen.

## *Opsiphanes cassina*

*Opsiphanes cassina* ist ein kleiner Vertreter der Brassoliden, der von Mexiko bis ins Amazonasgebiet verbreitet ist. Die Raupen ernähren sich u. a. von den Blättern der Kokospalme sowie anderer Palmen. Sie sind hellgrün gefärbt und besitzen einen Gabelschwanz. In einer selbst gefertigten Hülle liegen sie an den Rippen der Palmblätter: Sie nagen einen Teil des Blattes ab und wickeln ihn um sich herum; zusammengehalten wird das Ganze von einem Seidenfaden. Derart getarnte Raupen sind kaum zu finden. Die

Opsiphanes cassina

Schmetterlinge besuchen keine Blüten, sondern ernähren sich vom Saft überreifer und faulender Früchte. Sie sind abends aktiv. Wegen ihrer Vorliebe für Kokospalmen werden die Raupen auf Plantagen als Schädlinge bekämpft.

[redacted]

Osiphanes tamarindi

vom Saft faulender Früchte wie Bananen und Mangos, nach denen er nachts in der Nähe von Häusern und sogar in Dörfern sucht. Die Weibchen legen ihre Eier vornehmlich an Stängel und abgestorbene Blätter der Wirtspflanzen, von denen *Heliconia*-Arten und Bananen (Musaceae) die wichtigsten sind. Sowohl auf Bananenplantagen als auch im Regenwald fallen die Raupen parasitischen Schlupfwespen und Fliegen zum Opfer. Mit einer Flügelspannweite von weniger als 10 cm ist *Opsiphanes tamarindi* ein relativ kleiner Brassolide.

Morpho aega, *Männchen*

Morpho aega, *Weibchen*

# Morphidae

Die Vertreter der Morphidae gehören zu den spektakulärsten Schmetterlingen auf Erden. Sie sind groß, und ihre Flügel schimmern in einem wunderbaren Blau. Morphidae leben in den Regenwäldern des tropischen Südamerika. Sie ernähren sich ausschließlich vom Saft faulender Früchte und besuchen keine Blüten.

## *Morpho aega*

*Morpho aega* ist mit seinen metallisch blauen Flügeln ein typischer Vertreter der Gattung *Morpho.* Diese Art ist in Brasilien weit verbreitet. Jedes Jahr werden Millionen Exemplare gefangen und zu Schmuck und Bildern verarbeitet, die an Touristen verkauft werden. Dafür kommen nur die leuchtend blauen Männchen in Frage, daher ist die Art trotz der starken Bejagung nicht vom Aussterben bedroht. Dabei spielt auch eine Rolle, dass sich die Raupen von Bambus der Gattung *Chusquea* ernähren, die in großen Teilen Brasiliens üppig gedeiht. Die Weibchen von *Morpho aega* tragen eine orangebraune Grundfärbung mit gelber Zeichnung, manchmal schimmern sie auch ein wenig hellblau. Die Flügelspannweite beträgt gewöhnlich nicht mehr als 10 cm.

Morpho cypris, *Oberseite*

## *Morpho cypris*

*Morpho cypris* hat ein Verbreitungsgebiet, das von Nicaragua bis Kolumbien reicht. Der Schmetterling ist ein Regenwaldbewohner und in Höhenlagen bis zu etwa 1000 m zu finden. Die Männchen sind am aktivsten, wenn die Sonne hoch steht, also zwischen 10.30 und 13.00 Uhr. Zu dieser Tageszeit leuchtet das Blau der Flügel wegen des Lichteinfallwinkels besonders stark. Die Flü-

Morpho cypris, *Unterseite*

gelspannweite der Männchen beträgt etwa 12 cm. Die Weibchen sind ein ganzes Stück größer und können es auf 16 cm bringen; ihre Flügel sind mattorange. Wenn ein Weibchen eine geeignete Wirtspflanze gefunden hat, legt sie ein einzelnes Ei ab und macht sich zur nächsten Pflanze auf. Es kann aber geschehen, dass sie öfter zur selben Pflanze zurückkehrt und zahlreiche Eier daran legt. Die Wirtspflanze ist *Inga marginata* (Mimosaceae). Die Raupen scheiden aus einer Thoraxdrüse einen Tropfen klarer Flüssigkeit aus, die sie über die Haare auf ihrem Kopf verteilen. Der Geruch hält wahrscheinlich andere Raupen derselben Art fern, wenn es auf einer Pflanze zu eng wird.

## Morpho deidamia

*Morpho deidamia* hat ein Verbreitungsgebiet, das sich von Guayana im Norden Südamerikas bis ins Amazonasgebiet erstreckt. Die Schmetterlinge sind schnelle, kräftige Flieger, die in den tropischen Regenwäldern der Region in der Nähe von Waldrändern und Flussufern leben. Über die Oberseite der Flügel verläuft ein breiter, blau schillernder Streifen; die Unterseite ist braun gemustert und trägt augenfleckartige Zeichnungen. Der deutliche Farbunterschied zwischen Ober- und Unterseite dient dazu, potenzielle Feinde zu verwirren. Ein Vogel, der diesen Morphofalter jagt, sieht erst einen blauen, dann einen braunen Schmetterling, daher verliert er seine Beute leicht aus den Augen, und der S[redacted]etterling hat die Chance zu entkom-[redacted]

Morpho deidamia, *Oberseite*

Morpho deidamia, *Unterseite*

Morpho laertes

## [redacted]rpho laertes

[redacted]orpho laertes* ist ein auffälliger weißer [redacted]chmetterling, der im brasilianischen Regenwald lebt. Die Flügel von Männchen und Weibchen zeigen einen wunderbaren Perlmutterschimmer. Die Weibchen legen ihre Eier an *Inga*-Arten (Mimosaceae). Die Raupen leben in großen Gruppen in Gespinstnestern zusammen.

## Morpho menelaus

*Morpho menelaus* ist in südamerikanischen Regenwäldern weit verbreitet. Das ganze Jahr hindurch fliegen die Schmetterlinge am Waldrand und auf Lichtungen herum. Sie sind vom frühen Morgen bis zum Höchststand der Sonne aktiv. Ihre Flügelspannwei-

Morpho menelaus orinocoensis

te beträgt 13–14 cm, der Rumpf ist jedoch nur klein. Gewöhnlich schlagen die Schmetterlinge beim Flug nicht oft mit den Flügeln, sondern gleiten vorwiegend durch die Luft. Bei Gefahr schießt *Morpho laertes* jedoch blitzschnell davon, indem er sehr rasch mit seinen kräftigen Flügeln schlägt, und ist dann für Feinde nur schwer zu fangen. Die Weibchen legen ihre Eier an *Erythroxylum*-Arten.

## *Morpho peleides*

*Morpho peleides* bietet einen auffallenden Anblick. Er ist in Mittelamerika, Kolumbien und Venezuela zu Hause. Seine Wirtspflanzen sind *Mucuna*, *Dalbergia* und *Pterocarpus*, die alle zur Familie Fabaceae gehören. Die Raupen sind mit bunten Haarbüscheln geschmückt. In der Nähe ihres ersten Beinpaares sitzen Drüsen, aus denen sie bei Gefahr eine übelriechende Flüssigkeit abscheiden können. Die Flügelunterseite der Falter ist braun mit Augenflecken, die Flüge-

*Raupe von* Morpho peleides

Morpho peleides, *Oberseite*

Morpho peleides, *Unterseite*

loberseite der Weibchen ist ebenfalls braun, die der Männchen vorwiegend blau. Das schillernde Blau beschränkt sich bei einigen Unterarten auf einen schmalen Streifen, während bei anderen die ganze Flügeloberseite in wundervollem Blau leuchtet. Die Schmetterlinge fliegen gern an Waldrändern und Flussufern umher. Sie trinken den Saft, der aus faulenden Früchten und verletzten Bäumen austritt. Beim Trinken halten sie die Flügel gefaltet, sodass die blaue Farbe nicht zu sehen ist und sie völlig unauffällig wirken.

Morpho perseus

## *Morpho perseus*

*Morpho perseus* ist von Mittelamerika bis nach Venezuela und Brasilien verbreitet. Im Gegensatz zu den meisten anderen *Morpho*-Arten ist diese Art nicht oder kaum blau, sondern überwiegend braun; das gilt für Männchen wie Weibchen. Die Flügelspannweite beträgt 12–14 cm.

## *Morpho polyphemus*

Das Verbreitungsgebiet von *Morpho polyphemus* reicht von Mexiko bis Costa Rica. Der Schmetterling ist insofern untypisch für seine Gattung, als er reinweiß statt schillernd blau ist. Die Männchen fliegen gewöhnlich in

Morpho polyphemus

den Baumwipfeln und an Wegen und Flussläufen herum. Sie jagen ständig hinter männlichen Artgenossen her, aber auch anderen großen weißen Schmetterlingen, beispielsweise Weißlingen. Beide Geschlechter fliegen gewöhnlich morgens zur Nahrungssuche aus; sie bevorzugen faulende Früchte.

Morpho portis, *Weibchen*

## *Morpho portis*

*Morpho portis* ist in den Wäldern von Brasilien und Uruguay lokal verbreitet. Mit einer Flügelspannweite von kaum 9 cm gehört er zu den kleineren *Morpho*-Arten. Der größte Vertreter, *Morpho hecuba*, ist fast dreimal so groß. Männchen und Weibchen von *Morpho portis* unterscheiden sich im Aussehen kaum. Sie fliegen vorwiegend am späten Nachmittag und bleiben dabei gewöhnlich nahe am Boden, denn sie suchen nach abgefallenen faulenden Früchten, von deren Saft sie sich hauptsächlich ernähren.

Morpho rhetenor augustina, *Oberseite*

Morpho rhetenor casica

Morpho rhetenor augustina, *Unterseite*

Morpho theseus

## *Morpho rhetenor*

*Morpho rhetenor* ist ein auffallender Bewohner der Regenwälder im Norden von Südamerika in Ländern wie Kolumbien, Peru, Venezuela, Ecuador und Surinam. Die leuchtend blauen Männchen bieten einen wunderbaren Anblick, wenn sie an Waldwegen und -rändern vorbeipatrouillieren oder im Kronendach kreisen. Die viel unauffälliger gefärbten Weibchen zeigen sich kaum und bleiben im Waldesinneren. Die Wirtspflanze der Raupen ist *Macrolobium bifolium*. Die Schmetterlinge trinken keinen Nektar, sondern schätzen den Saft faulender Früchte und verschmähen auch den Saft verletzter Bäume nicht, der nach einer Weile zu gären beginnt. Beim Trinken halten sie ihre Flügel geschlossen, sodass sie mit ihrer braun gemusterten Flügelunterseite völlig unauffällig wirken. In verschiedenen Teilen des Verbreitungsgebietes findet man zahlreiche Unterarten, die sich anhand der weißen Fleckenmuster auf blauem Grund unterscheiden lassen. *Morpho rhetenor* ist mit einer Flügelspannweite von manchmal mehr als 15 cm einer der größten Vertreter der Gattung *Morpho*.

## *Morpho theseus*

*Morpho theseus* hat ein Verbreitungsgebiet, das ganz Mittelamerika und den Norden Südamerikas bis hinunter nach Peru umfasst. Er bewohnt Regenwälder in Höhenlagen zwischen 0 und 2000 m. Die Männchen fliegen in der Nähe von Schluchten und Flüssen hoch über den Baumwipfeln. Frühmorgens sind sie auf Waldlichtungen aktiv. Während des Balzfluges verfolgt ein Männchen ein Weibchen über weite Strecken und tänzelt über und hinter dem Weibchen herum, um es zur Paarung zu verleiten. Eine ungewöhnliche Bedrohung für diese *Morpho*-Art ist eine parasitische Fliege, deren Larven im Hinterleib der Schmetterlingsweibchen leben.

# Danaidae

Die Familie Danaidae umfasst mehr als 300 Arten, die überwiegend in den Tropen und Subtropen zu Hause sind. Bei den meisten Arten sind die Flügelform und die schwarzen Streifen auf den Flügeln fast identisch; es gibt jedoch bedeutende Größenunterschiede: Die Flügelspannweite der Schmetterlinge liegt zwischen 5 und 18 cm. Alle Arten

Amauris rashti

Danaus plexippus *auf* Asclepias

haben giftige Substanzen in ihrem Körper gespeichert. Je giftiger die Pflanze, an der die Raupen fressen, desto ungenießbarer sind die Schmetterlinge für Insektenfresser. Die auffällige Färbung der Falter ist stets eine Warnfärbung, die auf ihre Ungenießbarkeit hinweist. Viele Danaiden, insbesondere der Monarch *Danaus plexippus*, sind Wanderfalter.

Amauris albimaculata

## *Amauris albimaculata*

*Amauris albimaculata* lebt in einem großen Teil Afrikas südlich der Sahara, wo er sehr feuchte Wälder bewohnt. Zu den Wirtspflanzen der Raupen gehören *Cyanchum* und *Tylophora*, beides giftige Schwalbenwurzgewächse (Asclepiadaceae). Die Schmetterlinge sind für Vögel ungenießbar. Einige der zahlreichen Unterarten dieser Art dienen genießbaren Schmetterlingen als Vorbild. Manche *Papilio dardanus*-Weibchen, die im selben Gebiet leben, sowie verwandte Arten, beispielsweise *Amauris echeria*, sehen genau wie *Amauris albimaculata* aus. Typisch sind die Breite des gelben Streifens auf den Hinterflügeln und die Farbe der Punkte auf den Vorderflügeln. *Amauris albimaculata* hat eine Flügelspannweite von 6–8 cm.

## *Amauris echeria*

*Amauris echeria* lebt in tropischen Gebieten von Zentral- bis Südafrika. Der Schmetterling variiert im Habitus beträchtlich, und es gibt zahlreiche Unterarten, von denen einige wie eine verwandte Art aussehen. Die hier gezeigte Unterart lässt sich nicht von *Amauris albimaculata* unterscheiden. Männchen und Weibchen von *Amauris echeria* sehen

Amauris echeria

im ganzen Verbreitungsgebiet gleich aus. Die Schmetterlinge fliegen fast das ganze Jahr hindurch. Die Wirtspflanze der Raupen sind *Tylophora-*, *Secamona-* und *Marsdenia-*Arten.

Amauris niavius

## *Amauris niavius*

*Amauris niavius* ist im tropischen und subtropischen Afrika zu Hause; er ist ein Waldbewohner. Die Schmetterlinge trinken Nektar und die Flüssigkeit, die aus Tierdung austritt. Sie sind ungenießbar und dienen daher vielen genießbaren Schmetterlingen wie z. B. *Papilio dardanus* und *Hypolimnas-*Arten als Vorbild. Es gibt viele Unterarten von *Amauris niavius*, und der Hauptunterschied zwischen ihnen ist die Größe der weißen Flecken auf den Flügeln. Mit einer Flügelspannweite von 8–11,5 cm gehört diese Art zu den größten ihrer Gattung.

Danaus chrysippus

## *Danaus chrysippus*

Das riesige Verbreitungsgebiet von *Danaus chrysippus*, dem Kleinen Monarch, erstreckt sich von den Kanarischen Inseln über Afrika, den Mittleren Osten und Südostasien bis Neuguinea und Australien. Gelegentlich besuchen die Schmetterlinge auch Europa. Sie kommen mit unterschiedlichen Klimabedingungen zurecht. In den Tropen wachsen die Raupen so rasch, dass es bis zu zwölf Generationen pro Jahr gibt; in anderen Regionen sind es hingegen nur ein bis zwei. Die Wirtspflanzen gehören gewöhnlich zur Gattung *Calotropis*, doch andere Asclepiadaceen werden ebenfalls akzeptiert. Die Färbung von *Danaus chrysippus* wird von vielen anderen Schmetterlingsarten nachgeahmt. Ein schönes Beispiel ist *Hypolimnas misippus*. Er tritt in zwei Farbvarianten auf, die zwei unterschiedliche Unterarten von *Danaus chrysippus* imitieren.

## *Danaus plexippus*

*Danaus plexippus*, der Monarch, ist in den tropischen und subtropischen Regionen der ganzen Welt verbreitet. Die Wanderungen dieses Schmetterlings in Nordamerika sind das bekannteste Beispiel für Schmetterlingswanderungen überhaupt. Monarchfalter überwintern gemeinsam in riesigen Gruppen; in

*Raupe von* Danaus plexippus

Danaus plexippus *trinkt Wasser*

Danaus plexippus, *Überwinterung*

einigen kalifonischen und vor allem in mexikanischen Wäldern finden sich dann Millionen von Tieren zusammen. Nach Winterende fliegen die Schmetterlinge wieder nach Norden. An vielen Plätzen finden sie frische junge *Asclepias*-Pflanzen, die gerade in Blüte stehen. Die Schmetterlinge trinken an den Blüten reichlich Nektar und legen ihre Eier an die Blätter der Pflanzen. Die wichtigste Nektarpflanze ist also auch die Wirtspflanze der Raupen. Bevor eine Raupe an einem Blatt zu fressen beginnt, nagt sie die Mittelrippe durch. Dadurch verhindert sie, dass der (giftige) Pflanzensaft in das Blatt transportiert wird. Erst dann beginnt sie, das nur leicht giftige Blatt aufzufressen. Das Gift wird von der Raupe nicht verdaut, sondern im Körpergewebe gespeichert, sodass sie für Vögel ungenießbar wird. Ihre leuchtend gelb-schwarze Zeichnung ist als Warnung zu verstehen. Monarchraupen wachsen sehr rasch und verpuppen sich innerhalb von zwei Wochen. Der Schmetterling, der aus der Puppe schlüpft, ist ebenfalls giftig; daher zeigen Monarchfalter eine auffällige orangefarbene und schwarze Warntracht, um Feinde abzuschrecken. In

Danaus plexippus, *der Monarch*

den Vereinigten Staaten wandert die erste Generation weiter nach Norden. Vor Herbstanbruch, wenn sie Kanada erreicht haben, bleibt noch genug Zeit für einige weitere Generationen. Die Schmetterlinge der Herbstgeneration verhalten sich ganz anders. Sie pflanzen sich nicht fort, sondern beschäftigen sich hauptsächlich damit, eine große Fettreserve anzulegen, und zwar so lange, bis es Zeit wird, sich auf die mehr als 3000 km weite Rückwanderung nach Mexiko zu machen, wo sie im selben Wald übernachten wie die vorige Herbstgeneration.

Danaus gilippus

## *Danaus gilippus*

*Danaus gilippus* kommt im Süden der USA, auf Kuba, Jamaika und in Mittelamerika bis nach Panama vor. Man trifft ihn regelmäßig in Gesellschaft von *D. plexippus* an, doch er ist selbst kein Wanderfalter. Der Schmetterling besucht gern die Blüten von *Asclepias*- und *Lippia*-Arten. Die Eier werden vorwiegend an *Asclepias* abgelegt, aber auch an *Nerium oleander* und *Sarcostemma*. Einige Schmetterlinge, die als Raupen keine Giftpflanzen fressen, werden dennoch nicht von Feinden behelligt, weil sie von giftigen Artgenossen nicht zu unterscheiden sind. Die orange-braune Färbung mit der auffälligen schwarzen Zeichnung wird von Schmetterlingen aus anderen Familien nachgeahmt.

Euploea core

## *Euploea core*

*Euploea core* ist von Indien durch ganz Südostasien bis Neuguinea und Australien verbreitet. Man trifft ihn in Gärten, wo er nach Blüten sucht. Die wichtigste Wirtspflanze der Raupen ist Oleander (Apocynaceae). Diese Pflanze enthält Substanzen, die für Wirbeltiere, wie Vögel, giftig sind. Die Raupen speichern diese Giftstoffe in ihrem Körper und geben sie an den Schmetterling weiter. Der giftige Schmetterling ist ein Modell, das von vielen genießbaren Arten, z. B. den Weibchen von *Hypolimnas bolina*, nachgeahmt wird.

Euploea leucostictos

## *Euploea leucostictos*

*Euploea leucostictos* hat ein Verbreitungsgebiet, das sich von Burma, Thailand und Malaysia bis Neuguinea, zu den Salomonen und den Fidschi-Inseln erstreckt. Die Flü-

Euploea leucostictos

Euploea leucostictos

gelspannweite beträgt 6–8,5 cm. Die Flügelfärbung variiert beträchtlich. Die Raupen fressen die Blätter von *Ficus wassa, F. subulata* und *F. robusta* (Maraceae). Diese Pflanzen sind nicht giftig, daher ist *Euploea leucostictos* im Gegensatz zu anderen *Euploea*-Arten wahrscheinlich ungiftig und wird auch nicht von Schmetterlingen aus anderen Familien imitiert. Aber *Euploea leucostictos* imitiert seinerseits giftige Schmetterlinge aus seinem eigenen Verbreitungsgebiet, gewöhnlich eine andere *Euploea*-Art Daher gibt es innerhalb dieser Art viele verschiedene Formen.

## *Euploea mulciber*

*Euploea mulciber* findet man von Indien und Südchina bis nach Indonesien. Er ist ein typischer Waldbewohner und fliegt auf Waldlichtungen und an Waldrändern herum. Die Flügeloberseite der Männchen schimmert bläulich, wenn die Sonnenstrahlen im richtigen Winkel darauf fallen. Die Wirtspflanzen der Raupen sind Oleander

Euploea mulciber

(Apocynaceae) und viele *Aristolochia*-Arten. Da diese Pflanzen giftig sind, ist auch der Schmetterling giftig. Sein Farbmuster wird von anderen Schmetterlingen kopiert.

Idea blanchardi

## *Idea blanchardi*

*Idea blanchardi* ist nur auf der indonesischen Insel Celebes zu finden. Dennoch gibt es mehrere Unterarten, denn die meisten *Idea*-Arten variieren in ihrer Färbung. Die Wirtspflanzen der Raupen sind *Tylophora* und *Parsonis*. Wegen seiner großen Flügelspannweite ist *Idea blanchardi* ein langsamer Flieger, der vorwiegend gleitet.

Idea idea

## *Idea idea*

*Idea idea* kommt nur auf den Molukken vor. Er lebt im dichten Regenwald und fliegt gewöhnlich direkt unter den Baumwipfeln umher. Mit einer Flügelspannweite von 12–14 cm ist er recht groß. Der Körper ist klein und nicht sehr muskulös, daher sind *Idea*-Arten allgemein keine guten Flieger. Sie schlagen nur hin und wieder mit den Flügeln, gleiten aber die meiste Zeit dahin. Typisch für *Idea idea* sind die wenigen dunklen Flecken auf den Flügeln.

Idea leuconoe

## *Idea leuconoe*

*Idea leuconoe* ist von Südchina und Malaysia bis auf die Philippinen und einige indonesische Inseln verbreitet. Der Schmetterling bewohnt dichte Regenwälder. Die Wirtspflanze der Raupen ist *Tylophora*. *Idea leuconoe* ist mit einer Flügelspannweite von gewöhnlich mehr als 15 cm ein besonders großer Schmetterling. Wegen seiner großen Flügel und seines langsamen Flügelschlags ist sein Flug recht auffällig. Der Schmetterling wird nicht von Vögeln gefressen, weil er starke Gifte, wie Alkaloide, enthält.

## *Idea lynceus*

*Idea lynceus* hat ein Verbreitungsgebiet, das sich von Sri Lanka und Indien über Indochina bis nach Malaysia und auf einige philip-

Idea lynceus

pinische Inseln erstreckt. Mit seiner Flügelspannweite von 16,5 cm ist er der größte Vertreter seiner Gattung. Er bevorzugt dichte Waldgebiete. Männchen und Weibchen sind gleich gefärbt und gezeichnet; Zahl und Größe der Flecken können jedoch von Region zu Region variieren.

## *Lycorea cleobaea*

*Lycorea cleobaea* ist ein amerikanischer Schmetterling, den man von Mexiko bis Peru findet. Seine Vorderflügel sind für einen Danaiden lang und schmal, und zwar aus Gründen der Mimikry: Ein *Lycorea* sieht genau wie ein *Mechanitis* oder *Heliconius* aus. Diese Gattungen haben lange, schmale Vorderflügel und tragen Warnfarben. Die Raupen von *Lycorea cleobaea* leben auf *Carica papaya* (Caricaceae), *Ficus* (Moraceae) und *Asclepias curassavica* (Asclepidaceae). Noch unausgewachsene Raupen beißen ein Blattstück heraus und fressen es erst nach einer Stunde. Ältere Raupen durchtrennen die Mittelrippe eines Blattes, bevor sie es fressen. Dadurch verhindern die Raupen, dass zu viele Giftstoffe in ihre Nahrung gelangen. Durch die Produktion giftiger bzw. schlecht schmeckender Substanzen versuchen die Pflanzen, Fressfeinden den Appetit zu verderben. Indem die Raupen die Mittelrippe an der richtigen Stelle durchtrennen, verhindern sie jedoch, dass das Blatt ungenießbar wird. Die Schmetterlinge fliegen in dicht bewaldeten Gebieten. Die Männchen besetzen einen sonnigen Flecken im Wald und verjagen alle Schmetterlinge der eigenen Färbung. Die Weibchen verbringen den Nachmittag mit der Eiablage. Manchmal verlassen sie den Wald, um ihre Eier in offenem Gelände abzulegen.

Lycorea cleobea

Parantica cleona

## *Parantica cleona*

*Parantica cleona* (früher *Danaus cleona*) ist auf der indonesischen Insel Celebes zu Hause. Im Gegensatz zu vielen *Parantica*-Arten ist die Grundfarbe der Flügel nicht weiß, sondern gelb-orange. Die Flügeladern haben breite dunkle Ränder, wie es für Danaiden typisch ist. Die Schmetterlinge dieser Familie tragen Warnfarben und sind gegenüber Vogelangriffen recht widerstandsfähig. Wenn ein Vogel nach einem dieser schlecht schmeckenden Schmetterlinge pickt, richtet er nicht viel Schaden an, findet aber rasch heraus, dass er diesen Schmetterling besser nicht gefressen hätte. Die Anordnung starker Schuppen am Körper macht diese Schmetterlinge zu solch „zähen Burschen".

## *Parantica schenkii*

*Parantica schenkii* (früher *Danaus schenkii*) ist von Neuguinea bis zu den Salomonen zu Hause. Mit einer Flügelspannweite von weniger als 6,5 cm ist er einer der kleinsten Danaiden. Ober- und Unterseite des Schmetterlings sind gleich gefärbt, Männchen und Weibchen haben denselben Habitus. Die Schmetterlinge leben in abgeschiedenen Wäldern und an Plätzen, wo sich der Regenwald vom Abholzen erholt hat. Dort finden sie ihre Wirtspflanze. Die Weibchen legen ihre Eier an *Asclepias*-Ranken.

Parantica weiskei

## *Parantica weiskei*

Das Verbreitungsgebiet von *Parantica weiskei* (früher *Danaus weiskei*) beschränkt sich auf Neuguinea. Dieser seltene Schmetterling lebt in gebirgigen Gegenden in Höhenlagen von 1500–2000 m und hält damit unter den fast 20 Danaiden-Arten, die auf Neuguinea vorkommen, den Höhenrekord. Die Flügelspannweite der Weibchen beträgt 7 cm, die der Männchen nur 6 cm. Die Männchen lassen sich an den auffälligen runden schwarzen Flecken am Rand der Hinterflügel erkennen.

Parantica schenkii

# Riodinidae

Hamearis lucina, *die Perlbinde*

Hamearis lucina

## *Hamearis lucina*

*Hamearis lucina*, die Perlbinde oder der Schlüsselblumen-Würfelfalter, ist in weiten Teilen Europas zu Hause; er fliegt am liebsten an Waldrändern umher. Dieser Schmetterling sieht wie ein Perlmutterfalter aus, verhält sich aber eher wie ein Bläuling und ist darum in eine eigene Familie gestellt worden. Er fliegt im Mai und Juni. Manchmal kommt es in Südeuropa zu einer kleinen zweiten Generation. Die Weibchen legen ihre Eier an verschiedene Primelarten (Primulaceae). Die Raupen wachsen rasch heran, verpuppen sich innerhalb eines Monats und überwintern in der Laubstreu vorborgen.

# Amathusiidae

## *Taenaris catops*

*Taenaris catops* ist ein typischer Vertreter einer artenreichen Gattung, die auf Neuguinea und den umgebenden Inseln verbreitet ist. Man findet die Schmetterlinge in verschiedenen Biotopen – von offenem Gelände bis zum Regenwald, von Meersspiegelniveau bis in Höhenlagen von 1500 m – in großer Zahl. Manchmal legen sie große Strecken über offenem Terrain zurück, doch in der Regel bevorzugen sie schattige Waldgebiete. Männchen und Weibchen von *Taenaris catops* trinken den Saft faulender Früchte. Sie saugen aber auch den Saft der palmenartigen Zykadeen (Sagopalmen), den sie an abgebrochenen Blattstängeln oder faulenden Samenhülsen finden, die vom Baum gefallen sind. Der Saft dieser Zykadeen enthält das giftige Cycasin; daher sind die Schmetterlinge ungenießbar. Viele andere Schmetterlinge imitieren das Aussehen von *Taenaris*, um selbst ebenfalls ungenießbar zu erscheinen. Die Wirtspflanzen der Raupen sind *Cordyline terminalis* (Liliaceae), *Musa*-Arten (Musaceae), *Areca catechu* und *Caryota rumphiana* (Arecaceae). Die Schmetterlinge haben eine Flügelspannweite von 7,5–9,5 cm. Im Allgemeinen sind die Weibchen größer als die Männchen. Die auffälligen Augenflecken auf der Unterseite der Flügel sind auf der Oberseite nur schwach zu sehen.

Taenaris catops, *Oberseite*

Taenaris catops, *Unterseite*

# 14 Nachtschmetterlinge

Brahmaea wallichii

## Brahmaeidae

### *Brahmaea wallichii*

*Brahmaea wallichii* ist in Nordindien, Burma, China und Japan zu Hause. Dieser Schmetterling, der eine Flügelspannweite von 16 cm haben kann, ist einer der größten Vertreter der kleinen Schmetterlingsfamilie Brahmaeidae, die rund zwanzig Arten umfasst. Die Raupen leben auf den Blättern von Eschen (*Fraxinus*), in menschlicher Umgebung auch auf Liguster (*Ligustrum*) und Flieder (*Syringa*). Sie sind gelb-weiß mit schwarzen Punkten; auffällig sind die langen, dünnen, hornartigen Stacheln auf Kopf und Rumpf. Wenn sich die Raupen zum letzten Mal häuten, verlieren sie ihre „Hörner". Sobald sie voll ausgewachsen sind, hören sie auf zu fressen. Sie beginnen sich zu verfärben und verlassen die Wirtspflanze, um nach einem Loch zu suchen, in dem sie sich verpuppen. In den Regionen, in denen der Schmetterling überwintert, geschieht dies als Puppe im Boden.

## Sphingidae – Schwärmer

Sphingiden sind über die ganze Welt verbreitet. Diese Familie umfasst beinahe 1000 Arten, von denen die meisten in den Tropen leben. Im Allgemeinen handelt es sich um große Schmetterlinge. Der besonders große Südamerikaner *Cocytius antaeus* beispielsweise bringt es auf eine Flügelspannweite von 17,5 cm. Schwärmer haben einen auffällig großen Körper. Aufgrund ihrer langen, schmalen Vorderflügel sind sie außerordentlich schnelle Flieger. Der schnellste Schmetterling ist ein Schwärmer, der nachweislich eine Geschwindigkeit von 53 km/h erreichte. Trotz ihrer Größe sind Schwärmer nur selten zu entdecken. Die ebenfalls großen Raupen sind leichter zu finden. Sie besitzen einen spitz zulaufenden Dorn am Hinterleibende (Afterhorn).

Smerinthus ocellata, *das Abendpfauenauge*

*Raupe von* Hyloicus pinastri

*Raupe von* Acherontia atropos, *gelbe Form*

*Raupe von* Acherontia atropos, *braune Form*

## *Acherontia atropos*

*Acherontia atropos*, der Totenkopfschwärmer, lebt in Afrika und Südwestasien. Die Schmetterlinge wandern aus der Mittelmeerregion nordwärts nach Europa. Die Wanderfalter fliegen im Juli und August. Eine zweite Generation, Abkömmlinge der Migranten, fliegen ab Anfang September. Die Wirtspflanze der Raupen ist die Kartoffel und andere Nachtschattengewächse (Solanaceae). Die Raupen verpuppen sich in

Acherontia atropos, *der Totenkopfschwärmer*

einem unterirdischen Loch. Der Saugrüssel des Totenkopfschwärmers ist kurz und stark. Er kann damit Nektar trinken, aber auch Waben in Bienenstöcken anstechen und den Honig aussaugen. Wenn sie gestört werden, geben die Schmetterlinge manchmal schrille Zirplaute von sich, um Feinde zu verwirren.

Agrius cingulata

## *Agrius cingulata*

*Agrius cingulata* ist im Süden der USA, in Mittelamerika, Südamerika und auf Hawaii zu finden. In den USA können die großen Raupen dieses Schwärmers auf „Süßkartoffel"-Feldern (*Ipomea*) schwere Schäden anrichten; daher werden diese „Süßkartoffelraupen" stark bekämpft. Die Schmetterlinge sind leicht an den diagonalen roten Streifen am Körper zu erkennen, deren Färbung jedoch in verschiedenen Teilen des Verbreitungsgebietes zwischen blassrosa und leuchtend rot variiert.

## *Agrius convolvuli*

*Agrius convolvuli*, der Windenschwärmer, hat ein Verbreitungsgebiet, das sich von Afrika, Europa und Asien bis nach Australien erstreckt. Die Schmetterlinge, die in Europa fliegen, sind in Afrika aus der Puppe geschlüpft und nach Norden gezogen. Die Puppen überwintern; da sie Frost nur schlecht vertragen, überleben nur diejenigen in wärmeren Regionen. Die Schmetterlinge, die abends aktiv sind, besuchen gern Geißblatt

Agrius convolvuli, *der Windenschwärmer*

(*Lonicera*), dessen Blüten stark duften und so in der Abenddämmerung bestäubende Insekten anlocken. Die Raupen leben auf Ackerwinde (*Convolvolus arvensis*), *Ipomea* und anderen Solanaceen.

Cocytius antaeus

## *Cocytius antaeus*

*Cocytius antaeus* lebt in den tropischen Regionen von Süd- und Mittelamerika sowie in Florida. Mit seiner Flügelspannweite von 17,5 cm ist er der größte Schwärmer. Zusätzliche auffällige Merkmale sind gelbe Flecken an beiden Seiten des Körpers und der gelbe Ansatz der Hinterflügel. Die Hinterflügel weisen zudem große transparente Fenster auf. Die Schmetterlinge sind das ganze Jahr hindurch aktiv und überwintern nicht. Die Raupen fressen die Blätter von *Annona*-Arten.

Coequosa triangularis

## *Coequosa triangularis*

*Coequosa triangularis* kommt nur im Osten Australiens vor. Dieser Schwärmer lässt sich leicht an den dunklen Dreiecken auf seinen Vorderflügeln erkennen. Die Flügelspannweite dieser Art kann 16 cm betragen. Zu den Wirtspflanzen der Raupen gehören *Banksia-*, *Grevillea-* und *Macadamia-*Arten sowie anderen Pflanzen aus der Familie Proteaceae. Die grünen Raupen sind von gelben und weißen Stacheln bedeckt, und das letzte Beinpaar trägt eine Zeichnung, das einem Reptilienauge ähnelt und Feinde verscheuchen soll.

Daphnis nerii, *der Oleanderschwärmer*

## *Daphnis nerii*

*Daphnis nerii*, der Oleanderschwärmer, ist in großen Teilen Afrikas und in Südostasien verbreitet. Er ist in diesen tropischen Regionen das ganze Jahr hindurch aktiv. Dieser große, wunderbar grün und rosa gefärbte Schwärmer ist manchmal auch in Europa zu finden; seine Flügelspannweite variiert zwischen 8 und 12 cm. Die großen Raupen fressen an Immergrün (*Vinca*) und Oleander (*Nerium*). Oleander enthält die Substanz Nerein, die für Wirbeltiere sehr giftig ist. Die Raupen werden von diesem Gift nicht beeinträchtigt, speichern es aber auch nicht in ihrem Körper. Im Gegensatz zu vielen anderen Schmetterlingsarten ziehen Oleanderschwärmer-Raupen und -Schmetterlinge keinen Nutzen aus dem Gift ihrer Wirtspflanze.

## *Deilephila elpenor*

*Deilephila elpenor*, der Mittlere Weinschwärmer, ist in großen Teilen Europas und Asiens weit verbreitet. Die Wirtspflanze ist das Weidenröschen, aber die Raupen fressen auch viele Labkrautarten (*Gallium*). Man findet braune und gelbe Formen dieser Schwärmerraupen. Der vorderste Abschnitt ihres Brustteils läuft spitz zu und sieht ein

*Raupe von* Deilephila elpenor

Deilephila elpenor, *der Mittlere Weinschwärmer*

wenig wie ein Rüssel aus. Die Falter fliegen in der Abenddämmerung und besuchen gern Geißblattblüten. Die Weibchen legen ihre Eier gewöhnlich in Gärten an Fuchsien ab.

Euchloron megaera

## *Euchloron megaera*

*Euchloron megaera* ist in Afrika südlich der Sahara weit verbreitet; es ist die einzige Art der Gattung *Euchloron*. Der Schmetterling fällt sofort wegen des leuchtend grün gefärbten Körpers und der ebenso gefärbten Vorderflügel auf. Die Färbung der Hinterflügel variiert zwischen gelb und orange. Die Flügelspannweite des Schmetterlings beträgt 7–12 cm. Die Wirtspflanze der Raupen ist Wein (*Vitis vinifera*) und Wilder Wein (*Parthenocissus*). Die Raupen tragen vorn auf dem ersten Segment große Augenflecken, um kleine Insekten fressende Vögel zu vertreiben.

Hemaris fuciformis, *der Hummelschwärmer*

## *Hemaris fuciformis*

*Hemaris fuciformis*, der Hummelschwärmer, ist in Europa weit verbreitet. Er hält sich gern auf Waldlichtungen und an Waldrändern auf und legt seine Eier an Geißblatt (*Lonicera*) und Schneebeere (*Symphoricarpus*). Wenn die Raupen voll ausgewachsen sind, verpuppen sie sich in einem locker gesponnenen Kokon in der Laubstreu. Der Hummelschwärmer überwintert als Puppe. Wenn er schlüpft, sind seine Flügel von Schuppen bedeckt, deren größten Teil er jedoch bei seinem ersten Flug verliert. Das führt zu transparenten Flügeln, bei denen nur noch die Ränder schuppenbedeckt sind. Die Schmetterlinge fliegen hauptsächlich tagsüber und suchen nach Rhododendron- und *Buddleia*-Blüten.

Hyles galii, *der Labkrautschwärmer*

## *Hyles galii*

*Hyles galii*, der Labkrautschwärmer, ist in Nordamerika und Europa zu Hause. Er

*Raupe von* Hyles galii

wandert manchmal über weite Strecken und ist hauptsächlich in trockenen Gebieten zu finden, wo die Wirtspflanzen der Raupen wachsen, verschiedene Labkrautarten (*Galium*). Wenn sie überwintern, spinnen die Raupen einen Kokon in der Laubstreu. Pro Jahr entwickeln sich zwei Generationen. Die Schmetterlinge fliegen tagsüber und in der Abenddämmerung. Sie suchen nach Blüten, um Nektar zu trinken, und nach Artgenossen, um sich zu paaren.

## *Laothoe populi*

*Laothoe populi*, der Pappelschwärmer, hat ein Verbreitungsgebiet, das sich von Westeuropa weit nach Osten bis in die gemäßigten Zonen Asiens erstreckt. Man findet den Schmetterling, der es auf zwei Generationen im Jahr bringt, vorwiegend an Waldrändern und in Parklandschaften. Die Eier werden an verschiedene Pappel- und Weidenarten gelegt. Die Raupen sind grün bis blaugrün mit vielen weißen und gelben Punkten. Die voll ausgewachsenen Raupen verpuppen sich in einem Loch im Boden und überwintern. Die Schmetterlinge sind nachtaktiv und verbringen den Tag an einem Baumstamm hockend, wo sie wegen ihrer Form und Farbe praktisch unsichtbar sind.

## *Manduca sexta*

*Manduca sexta*, der Tabakschwärmer, hat ein Verbreitungsgebiet, das sich vom tropischen Teil Südamerikas bis in den Norden der USA erstreckt. Er lässt sich leicht an den sechs paarigen gelben Rechtecken auf sei-

Laothoe populi, *der Pappelschwärmer*

Manduca sexta

nem Abdomen erkennen. Die Wirtspflanzen der Tabakschwärmerraupen werden kommerziell angebaut, beispielsweise Tabak (*Nicotiana*), Kartoffel (*Solanum*) und Tomate (*Lycopersicum*). *Manduca sexta* kann zusammen mit *Manduca quinquemaculata* großen Schaden auf den Feldern anrichten; das gilt insbesondere für Tomatenplantagen in den USA, wo die Raupen beträchtliche Verluste herbeiführen können. Eine erfolgreiche Möglichkeit, diese Plage zu bekämpfen, besteht darin, Fallen mit jungfräulichen Weibchen als Köder aufzustellen. Die Männchen werden von den Geschlechtspheromonen der Weibchen unwiderstehlich angezogen und in einer elektrischen Falle gefangen, sodass sie sich nicht fortpflanzen können.

Protambulix strigilis

## Protambulix strigilis

*Protambulix strigilis* ist in den tropischen Regionen von Mittel- und Südamerika zu Hause. Die langen, schmalen Vorderflügel, die am Außenrand einen dunklen Streifen tragen, sind für diesen Schwärmer typisch. Die Flügelspannweite beträgt 9,5–12 cm. Die Raupen sind grün mit gelben Schrägstreifen. Ihre wichtigste Wirtspflanze ist *Anacardium spondias*, doch auch andere Pflanzen aus der Familie Anacardiaceae werden akzeptiert.

Pseudosphinx tetrio

## Pseodosphinx tetrio

*Pseodosphinx tetrio* kommt von Paraguay bis in die Karibik und den Süden der USA vor. Die Flügelspannweite beträgt 13–16 cm. Wenn sich dieser Schwärmer tagsüber ruhig verhält, sorgt die graubraune Färbung von Flügeln und Körper dafür, dass er von Feinden nicht entdeckt wird. Wirtspflanzen der großen Raupen sind Jasmin (*Jasminum*) und *Plumeria*.

## Smerinthus ocellata

*Smerinthus ocellata*, das Abendpfauenauge, ist in ganz Europa verbreitet. Die Schmetterlinge leben in Waldgebieten, Parks und Obstgärten, wo die Bäume wachsen, die den Raupen als Wirtspflanzen dienen. Bevorzugt werden Weide, Pappel und Apfel. Die Raupen verpuppen sich in einem Bodenloch. Wenn ein Abendpfauenauge still sitzt, ist es außerordentlich gut getarnt. Wird der Schmetterling jedoch gestört, hebt er seine Vorderflügel. Dadurch werden die auffälli-

Smerinthus ocellata, *das Abendpfauenauge*

gen Augenflecken auf der Oberseite seiner Hinterflügel sichtbar. Wie experimentell nachgewiesen werden konnte, verscheuchen diese Augenflecken Feinde.

Xanthopan morgani

## *Xanthopan morgani*

*Xanthopan morgani* kommt auf Madagaskar und in einigen tropischen Regionen Afrikas vor. Dieser große Schwärmer mit einer Flügelspannweite von 10–13 cm lässt sich an dem zweigeteilten dunklen Fleck auf den Hinterflügeln erkennen. Er hat einen Rüssel, der bis zu 25 cm lang sein kann. Damit saugt er Nektar aus den langen und tiefen Blüten der Orchidee *Angraecum sesquipedale*. Als Charles Darwin diese Orchidee entdeckte, sagte er voraus, dass es ein Insekt mit einem sehr langen Rüssel geben müsse, um die Blüte zu bestäuben. Einige Jahre später, als das Insekt – eine Unterart von *Xanthopan morgani* – entdeckt wurde, erhielt es den Namen *Xanthopan praedicta* (*praedicta* heißt „vorausgesagt“). Die Raupen leben auf *Annona*- und *Uvaria*-Arten.

# Saturniidae – Augenspinner oder Nachtpfauenauge

Die Schmetterlinge, die zu den Augenspinnern oder Nachtpfauenaugen gehören, sind überall auf der Welt zu Hause; wir kennen mehr als 1000 Arten. Einige der tropischen Augenspinner gehören zu den größten Schmetterlingen überhaupt. Eine Unterart des Atlasspinners (*Attacus atlas imperator*) hat eine Flügelspannweite von bis zu 32 cm. Viele Augenspinner tragen Augenflecken und transparente Fenster auf den Flügeln, um Feinde zu verwirren. Ihr Saugrüssel ist entweder kaum oder gar nicht entwickelt; daher können diese Schmetterlinge nicht trinken und leben auch nicht sehr lange – meist nicht länger als 4–5 Tage. Die doppelt gefiederten Fühler der Männchen sind hochempfindlich; Männchen können Artgenossinnen noch aus mehreren Kilometer Entfernung riechen. Kurz vor der Verpuppung spinnen die Raupen einen stabilen Kokon aus Seidenfäden, in dem sie sich verpuppen. Die Kokons verschiedener Augenspinner dienen zur Herstellung von Naturseide.

Attacus atlas

Nachtpfauenauge

# *Actias luna*

*Actias luna*, der Mondspinner, ist in den USA und Mexiko zu Hause. Seinen Namen verdankt der Schmetterling der halbmondförmigen Zeichnung auf den hellgrünen Flügeln. Die Färbung variiert bei dieser Art von Gelb bis Blau. Die Schmetterlinge fliegen abends und nachts in bewaldeten Gebieten. Die Weibchen legen ihre Eier an die Blätter vieler Baumarten, darunter Birke (*Betula*), Erle (*Alnus*), Kastanie und Weide (*Salix*).

Actias luna, *der Mondspinner*

Antherea mylitta

Actias selene, *der Indische Mondspinner*

*Raupe von* Actias selene

## Actias selene

*Actias selene*, der Indische Mondspinner, ist von Indien bis China und Indonesien verbreitet. Diese Schmetterlinge können eine Flügelspannweite von 12 cm erreichen. Ihre langen Schwänze brechen gewöhnlich nach dem ersten Flug ab. Indische Mondspinner haben einen nervösen, tänzelnden Flug. Bei ihren Wirtspflanze sind die Weibchen nicht sehr wählerisch. Sie legen ihre Eier an verschiedene Bäume und Sträucher, wie z. B. Rhododendron. Die dicken grünen Raupen tragen Reihen von behaarten roten Warzen. Bevor sie sich verpuppen, spinnen sie auf einem Blatt ihrer Wirtspflanze einen Kokon.

Aglia tau, *der Nagelfleck*

## Aglia tau

*Aglia tau*, der Nagelfleck, hat ein Verbreitungsgebiet, das von Europa bis Japan reicht. Er verdankt seinen wissenschaftlichen Namen der weißen Flügelzeichnung, die wie der griechische Buchstabe t (tau) geformt ist. Die Schmetterlinge fliegen im April und Mai, überwiegend in Laubwäldern. Pro Jahr entwickelt sich eine Generation. Die Männchen sind tagsüber aktiv; sie werden von den Weibchen durch Sexualduftstoffe angelockt. Nach der Paarung legen die Weibchen ihre Eier an den Stamm von Buchen und manchmal auch Birken. Die Raupen klettern die Äste bis zu den Knospen empor, die sich im Frühling entwickeln, und ernähren sich von den frischen jungen Blättern. Wenn sie ausgewachsen sind, verlassen sie den Baum und verpuppen sich in einem Bodenloch, wo die Puppe überwintert.

Antherea pernyi

## Antherea pernyi

*Antherea pernyi*, der Chinesische Eichen-Augenspinner, ist in China, Südostrussland und Japan zu Hause. Die Schmetterlinge legen ihre Eier an Eichen (*Quercus*), innerhalb von 2–3 Tagen bis zu 150 Stück. Vor der Verpuppung spinnen die Raupen aus einem langen Seidenfaden einen Kokon. Die Kokons von *Antherea pernyi* werden kommerziell zur Herstellung von Naturseide, so genannter Shantung-Seide, genutzt. Pro Jahr entwickeln sich zwei Generationen.

## Antherea polyphemus

*Antherea polyphemus* ist im Süden Kanadas und in den USA verbreitet. Er ist der einzige Vertreter seiner Gattung in der Neuen Welt und überdies der häufigste Augenspinner in

Antherea polyphemus

Antherea polyphemus

Nordamerika. Im nördlichen Teil des Verbreitungsgebietes gibt es nur eine, im wärmeren südlichen Teil zwei Generationen pro Jahr. Die Raupen sind bei ihrer Wirtspflanze nicht wählerisch; die Weibchen legen ihre Eier an mehr als 50 Baum- und Straucharten, beispielsweise an Apfel (*Malus*) und Weißdorn (*Crataegus*). Männchen und Weibchen sind gleich gefärbt. Die Färbung dieses Schwärmers ist in seinem Verbreitungsgebiet recht variabel und reicht von gelb bis rotbraun.

## *Argema mittrei*

*Argema mittrei* kommt nur auf Madagaskar vor. Die Schmetterlinge haben eine Flügelspannweite von 18 cm, und ihre außergewöhnlich langen Schwänze können bis zu 20 cm lang werden. Die Männchen haben nicht nur viel breitere Antennen, sondern auch viel länger geschwänzte Hinterflügel.

Argema mittrei, *Männchen*

Diese Schwänze brechen gewöhnlich nach wenigen Flügen ab. Die Wirtspflanze ist *Eugenia*. Die Raupen spinnen reinweiße Kokons mit einer auffälligen Lochstruktur. *Argema mittrei* ist in freier Wildbahn bedroht, wird aber erfolgreich auf Schmetterlingsfarmen in Madagaskar gezüchtet.

Argema mittrei

## Attacus atlas

*Attacus atlas*, der Atlasspinner, hat ein besonders großes Verbreitungsgebiet. Es

Attacus atlas, *der Atlasspinner*

*Raupe von* Attacus atlas

erstreckt sich von Indien, Indonesien und Malaysia bis nach China. Von dieser Art gibt es viele Unterarten. Die Flügeloberfläche von *Attacus atlas imperator* ist größer als die irgendeines anderen Schmetterlings. Atlasspinner weisen an der Spitze ihrer Vorderflügel eine sehr auffällige Zeichnung auf, die einem Schlangenkopf ähnelt. Damit halten sie Feinde auf Abstand. Die Raupen ernähren sich von den Blättern zahlreicher Baumarten. Der Körper der sehr großen Raupen ist von fleischigen Auswüchsen bedeckt, und die Tiere sind weiß gepudert. Sie tarnen ihre Kokons geschickt, indem sie sie an ein Blatt spinnen.

Automeris io

## Automeris io

*Automeris io* ist ein nordamerikanischer Augenspinner, der von Mexiko bis Südkanada vorkommt. Die Weibchen sind bei ihrer Wirtspflanze gar nicht wählerisch; die Raupen fressen anscheinend fast alles, was grün ist. Wenn sich die Raupen jedoch einmal auf eine Pflanzenart festgelegt haben, wechseln sie nicht zu einer anderen Art über. Solange sie klein sind, leben die Raupen in großen Gruppen zusammen. Nach der dritten Häutung geht dann jede ihre eigenen Wege. Sie verpuppen sich in einem dünnen Kokon, den sie manchmal zwischen den Blättern ihrer Wirtspflanze spinnen, manchmal aber auch im Boden. Die Puppe überwintert in diesem Kokon. Die Flügelspannweite der Schmetterlinge beträgt 8 cm. In Ruhe legt der Schmetterling seine Vorderflügel über die Oberseite der Hinterflügel. Wird er gestört, hebt er die Vorderflügel und entblößt damit blitzartig ein Paar großer Augenflecken, um Feinde zu verscheuchen.

## Callosamia promethea

*Callosamia promethea* lebt in Nordamerika. Man findet ihn von Südkanada bis in den Nordosten der USA. Die Schmetterlinge haben eine Flügelspannweite von 8–10 cm. Die nachtaktiven Weibchen sind rötlich braun mit typischen roten Flecken an den Flügelrändern. Die Männchen sind hingegen tagaktiv. Sie sind viel dunkler gefärbt,

Callosamia promethea

manchmal sogar schwarz, und sehen besonders im Flug wie *Battus philenor* aus, ein giftiger Ritterfalter aus derselben Region. Die Weibchen legen ihre Eier an eine Vielzahl von Bäumen und Sträuchern.

## *Coscinocera hercules*

*Coscinocera hercules* verdankt seinen Namen der Tatsache, dass er einer der weltgrößten Schmetterling ist. Man findet ihn in Papua-Neuguinea und im Norden Australiens. Die Weibchen haben besonders breite Flügel, die Männchen zeichnen sich durch ihre besonders lang geschwänzten Hinterflügel aus. Die Schmetterlinge sind nachtaktiv. Die Wirtspflanzen der Raupen sind *Homolanthus* und *Dysoxylum*. Nicht nur die Schmetterlinge sind sehr groß, sondern auch die Raupen können eine enorme Länge erreichen – 17 cm sind keine Seltenheit.

## *Dictyoploca simla*

*Dictyoploca simla*, früher auch als *Saturnia simla* bezeichnet, ist in Asien zu Hause. Die Wirtspflanzen der Raupen sind *Prunus*-Arten. Die Weibchen legen die Eier säuberlich in Reihen an Zweigen der Wirtspflanze ab. Die Art überwintert als Ei. Wenn im Frühjahr die Blätter an den Bäumen zu sprießen beginnen, schlüpfen die Raupen. Sie sind bunt mit einem prächtigen blauen Haarschopf. Wenn sie ausgewachsen sind, spinnen sie einen lockeren Kokon, in dem sie sich verpuppen. Die Puppe wird nicht

Coscinocera hercules

Dictyoploca simla

versteckt, sondern ist deutlich sichtbar. Dadurch wirkt sie empfindlich, doch der Kokon ist stabil genug, um sie vor feindlichen Attacken zu schützen. Die Schmetterlinge haben eine Flügelspannweite von 12–15 cm. Sie fliegen im September und Oktober.

Hyalophora cecropia

## *Hyalophora cecropia*

*Hyalophora cecropia*, der Cecropiaspinner, ist der bekannteste Vertreter der vier *Hyalophora*-Arten, die ausschließlich in Nordamerika vorkommen. Die Schmetterlinge fliegen zwischen März und Juni im Süden Kanadas und in den USA. Weiter südlich wird die Art seltener. Die Weibchen legen ihre Eier an die Blätter breitblättriger Bäume, wie Ahorn (*Acer*), *Prunus*, Apel (*Malus*) und Weide (*Salix*). Wenn die Raupen voll ausgewachsen sind, verpuppen sie sich in einem unordentlich gewebten Kokon und überwintern als Puppe. Der Cecropiaspinner gehört zu den wenigen Augenspinnern, die ungefensterte Flügel haben. Die Färbung des Schmetterlings ist von der Temperatur abhängig, bei der er sein Puppenstadium verbringt: je wärmer, desto leuchtender rot ist der Schmetterling gefärbt.

Rothschildia jacobaea

## *Rothschildia jacobaea*

*Rothschildia jacobaea* ist ein großer amerikanischer Augenspinner; seine Flügelspannweite kann bis zu 15 cm betragen. Seinen Namen verdankt er Walter Rothschild, dem Begründer einer der größten Schmetterlingssammlungen weltweit. Diese Sammlung kann man im Britischen Museum bewundern. Die Gattung *Rothschildia* umfasst rund 30 Arten, die fast alle in Süd- und Mittelamerika zu Hause sind. Die großen transparenten Fenster in den Flügeln sind für diesen Augenspinner typisch. Die Schmetterlinge sind gewissermaßen das amerikanische Äquivalent der asiatischen Atlasspinner.

## *Samia cynthia*

*Samia cynthia*, der Götterbaum- oder Ailanthusspinner, stammt ursprünglich aus Asien. Er wurde zur Seidenproduktion nach Nordamerika und Europa eingeführt, überlebt dort aber sehr gut. Seine Wirtspflanze beschränkt sich nicht auf den Götterbaum (*Ailanthus*),

Saturnia pavonia

Samia cynthia, *der Götterbaumspinner*

*Raupe von* Saturnia pavonia

die Raupen akzeptieren auch Liguster, Flieder und andere Gewächse. Sie sind in späteren Entwicklungsstadien von einem weißlichen Puder bedeckt und wachsen sehr rasch heran. Vor dem Verpuppen spinnen sie einen Kokon, in dem sie auch überwintern.

## *Saturnia pavonia*

*Saturnia pavonia*, das Kleine Nachtpfauenauge, ist in großen Teilen Europas und Asiens beheimatet. Die Schmetterlinge haben eine Vorliebe für Heidelandschaften und Hochmoore, aber auch für Steppengebiete und Laubwälder. Die Raupen sind nicht sehr wählerisch, sie ernähren sich von einer Vielzahl an Pflanzen, darunter Heidekraut, Heidelbeere und Schlehdorn. Pro Jahr entwickelt sich eine Generation. Das Kleine Nachtpfauenauge überwintert als Puppe, sicher im Kokon eingesponnen. Es ist bekannt, dass das Wiener Nachtpfauenauge (*Saturnia pyri*) manchmal drei Winter im Puppenstadium verbringt. Das Weibchen dieser Art ist der größte europäische Schmetterling.

Saturnia pavonia, *das Kleine Nachtpfauenauge*

Lythria cruentaria

## Geometridae - Spanner

Perconia strigillaria

Die Familie Geometridae umfasst weltweit mehr als 1500 Arten; damit ist sie die zweitgrößte Schmetterlingsfamilie. Die Schmetterlinge sind gewöhnlich zart und klein mit schlankem Körper. Die Weibchen einiger Arten sind ungeflügelt und können daher nicht fliegen. Die Spanner verdanken ihren Familiennamen der typischen „spannerartigen“ Fortbewegungsweise ihrer Raupen. Diese haben nur zwei funktionstüchtige Bauchbeinpaare und setzen das hintere direkt hinter das vordere Paar, wodurch sich ihr Rumpf zu einer Schleife biegt. Dann packen sie den Zweig mit dem hinteren Beinpaar, strecken ihren Körper und bewegen sich in derart um jeweils eine Körperlänge vorwärts, als wollten sie eine Wegstrecke abmessen („geometra“ leitet sich vom lateinischen Wort für Landvermessung ab). Wenn eine Spannerraupe ruht, hält sie sich nur mit ihrem hinteren Bauchbeinpaar am Zweig fest. Um sicherzugehen, spinnt sie eine seidene Leine, die sie am Zweig befestigt und mit ihren Mundwerkzeugen hält. Wenn sie abrutscht oder sich bei Gefahr fallen lässt, wird sie von ihrer Rettungsleine gehalten und kann daran entlang wieder auf ihren Zweig klettern.

Rheumaptera undulata

### *Abraxas grossulariata*

*Abraxas grossulariata*, der Stachelbeerspanner oder Harlekin, lebt in Europa und in den gemäßigten Regionen Asiens. Dieser kleine bunte Schmetterling hat eine Flügelspannweite von 4 cm. Er fliegt im Juni und Juli. Pro Jahr entwickelt sich eine Generation. Diese Art gilt als Schädling und wurde viele Jahre lang bekämpft, weil die Raupen Johannis- und Stachelbeersträucher kahl fressen. Aber sie verschmähen auch Schlehe und Haselnuss nicht. Der Stachelbeerspanner überwintert als Raupe auf seiner Wirtspflanze. Im folgenden Frühjahr ernährt er sich von

Abraxas grossulariata

Knospen und jungen Blättern. Die Raupen verpuppen sich in einem Kokon, der in einem aufgerollten Blatt verborgen liegt. Die Schmetterlinge fliegen überwiegend nachts, sind aber auch tagsüber aktiv.

## *Abraxas sylvata*

*Abraxas sylvata* ist in Europa und den gemäßigten Regionen Asiens zu Hause. Die Schmetterlinge bevorzugen bewaldetes Gelände. Die Weibchen legen ihre Eier an zahlreiche Baumarten, besonders an Ulme, Buche und Vogelkirsche. Bei dieser Art überwintert das Raupenstadium. Im Frühjahr sind die Raupen voll ausgewachsen und verpuppen sich in einem Kokon unter der Erde. Die Schmetterlinge fliegen von Juni bis Oktober. Gewöhnlich gibt es nur eine Generation, doch manchmal entwickelt sich noch eine zweite.

Erannis defoliaria

Catospilos sylvatus

Milionia aroensis

## *Erannis defolaria*

*Erannis defolaria*, der Große Frostspanner oder Hainbuchenspanner, ist in Europa weit verbreitet. Die Weibchen sind bei ihrer Wirtspflanze nicht wählerisch und akzeptieren fast jede Baumart. Manchmal richten die Raupen großen Schaden in Obstplantagen an. Die Flugzeit der Schmetterlinge ist sehr ungewöhnlich, sie liegt nämlich im Dezember und Januar. Die Weibchen sind ungeflügelt. Nachts kriechen sie einen Baumstamm hinauf und warten auf die Männchen, die um diese Zeit umherfliegen. Nach der Paarung legen sie ihre Eier am Baum ab. Im Frühjahr machen sich die Raupen über die jungen, zarten Blätter her. Kurz vor Sommerbeginn lassen sich die Raupen an einem langen Seidenfaden vom Baum herab und verpuppen sich im Boden. Dort verbringt die Puppe den Sommer. Die ersten Herbstfröste sind für die Schmetterlinge das Signal zum Schlüpfen.

Geometra papilionaria

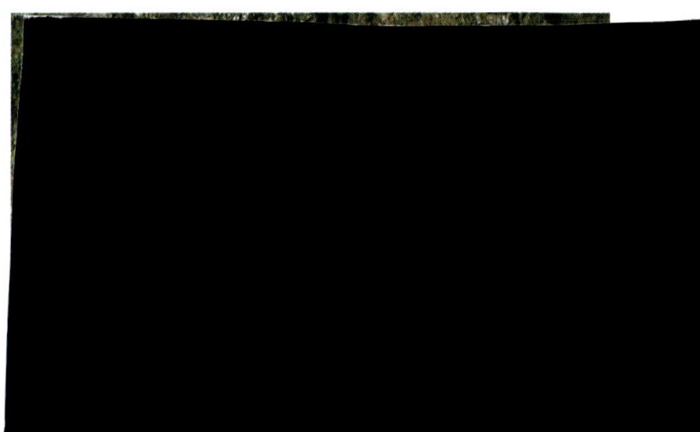

## *Geometra papilionaria*

*Geometra papilionaria*, das Grüne Blatt, ist in den gemäßigten und kühlen Regionen von Europa und Asien heimisch und lebt in Waldgebieten. Pro Jahr entwickelt sich eine Generation. Die Schmetterlinge fliegen im Sommer. Die Weibchen legen ihre Eier an eine Vielzahl von breitblättrigen Bäumen, wie Eiche, Birke, Ulme und Haselnuss. Das Grüne Blatt überwintert als kleine Raupe. Die braunen Raupen klammern sich an

Milionia aroensis

einen Zweig und sind fast unsichtbar. Wenn sich im Frühjahr an den Bäumen Knospen bilden und die jungen Blätter sprießen, wechseln die Raupen die Farbe. Sie werden nun braun mit grünen Flecken und sind so trotz des Wechsels der Jahreszeit immer noch gut getarnt.

## *Milionia aroensis*

*Milionia aroensis* kommt nur auf Neugui-
[redacted]

Die Männchen tragen ein auffälliges rotes Band über den Flügeln, bei den Weibchen ist es gelb. Ober- und Unterseite sind fast gleich gefärbt. Die Flügelspannweite beträgt 4,5 cm. Die Schmetterlinge schimmern leuchtend rot und tiefschwarz. *Milionia aroensis* zeigt deutlich, dass nicht alle Nachtschmetterlinge unscheinbar gefärbt sind.

## *Ourapteryx sambucaria*

*Ourapteryx sambucaria*, der Holunderspanner oder Nachtschwalbenschwanz, ist in Europa und in den gemäßigten Regionen Asiens zu finden. Die Raupen ernähren sich vom Laub vieler Bäume und Sträucher, insbesondere von Holunder, Schlehdorn, Weißdorn, Efeu und Liguster. Die Falter sind vorwiegend nachtaktiv. Pro Jahr gibt es eine Generation. Die Weibchen legen ihre Eier in Gruppen an

Selenia dentaria

die Blätter der Wirtspflanze. Die Raupen beginnen im Herbst zu wachsen und überwintern noch unausgewachsen. Bevor sie sich verpuppen, spinnen die Raupen an der Unterseite eines Blattes einen Kokon. Die Schmetterlinge fliegen im Juli und August.

## *Selenia dentaria*

*Selenia dentaria*, der Dreistreifige Mondfleckspanner, ist in Europa und in den gemäßigten Regionen Asiens verbreitet. Die Eier werden an einer Vielzahl von Baumarten abgelegt, bevorzugt an Schlehdorn und Weißdorn. Raupen sehen auf ihrer Wirtspflanze exakt wie kleine Zweige aus und sind fast unsichtbar. Wenn sie voll ausgewachsen sind, spinnen sie in der Laubstreu einen Kokon, in dem sie sich verpuppen und überwintern. Es gibt gewöhnlich zwei Generationen pro Jahr. Die Falter der zweiten Generation unterscheidet sich im Habitus deutlich von denen, die im April und Mai fliegen. Sie sind viel kleiner und weniger bunt gefärbt.

Timandra griseata

### *Timandra griseata*

*Timandra griseata*, der Schrägstreifige Ampferspinner, lebt in Nordafrika und Europa. Man findet ihn in der Nähe von Hecken und Gräben, wo er nach verschiedenen Ampferarten (*Rumex*), den Wirtspflanzen der Raupen, sucht. Die Flugzeit dauert von Mai bis Oktober. Pro Jahr entwickeln sich zwei Generationen. Die Überwinterung erfolgt im Raupenstadium, daher kann man das ganze Jahr hindurch Raupen des Schrägstreifigen Ampferspinners finden. Kurz vor der Verpuppung spinnen die Raupen einen lockeren Kokon. Der schöne grüne Schmetterling ist nachtaktiv und ruht tagsüber an Baumstämmen und auf Blättern.

## Notodontidae - Zahnspinner

### *Cerura vinula*

*Cerura vinula*, der Gabelschwanz, ist in ganz Europa und in Asien bis nach Japan verbreitet. Der Schmetterling hält sich meist in Wäldern mit niedrigen Pappeln und Weiden auf. Seine Flügelspannweite beträgt ca. 7 cm. Die Falter nehmen keine Nahrung zu sich. Die Raupen sehen sehr ungewöhnlich aus. Sie tragen einen auffälligen roten Auswuchs am Kopf, der Feinde verscheuchen soll, und besitzen am Hinterende zwei Anhängsel, aus denen sie lange rote Fäden katapultieren können. Darüber hinaus können sie Angreifer sogar mit Ameisensäure bespucken. Wenn die Raupen ausgewachsen sind, spinnen sie einen stabilen Kokon, den sie an der Baumrinde befestigen. Darin überwintert der Gabelschwanz.

Cerura vinula, *der Gabelschwanz*

*Raupe von* Phalera bucephala

Phalera bucephala, *der Mondvogel*

### *Phalera bucephala*

*Phalera bucephala*, den Mondvogel oder Mondfleck, findet man in ganz Europa und in Asien bis nach Sibirien. Meist hält er sich in bewaldeten Gebieten auf. Die Flugzeit dauert von Mai bis September. Gewöhnlich entwickeln sich zwei Generationen pro Jahr. Die Wirtspflanzen der Raupen sind verschiedene Baumarten, vorwiegend Eichen und Weiden. Die stattlichen Raupen leben in großer Zahl zusammen und fressen einen Zweig völlig kahl, bevor sie auf einen neuen Zweig überwechseln. Wenn die Raupen ausgewachsen sind, spinnen sie einen Kokon im Boden und verpuppen sich. Die Puppe überwintert in diesem unterirdischen Versteck und verbringt dort manchmal zwei Winter. Die Falter haben keine Mundwerkzeuge und können daher keinen Nektar saugen. Sie fliegen ab Mai. Wenn sie auf einem Zweig rasten, fallen sie kaum auf, denn aufgrund der Zeichnung und Färbung von Kopf und Flügeln sehen sie genau wie ein abgebrochener Zweig aus.

*Raupe von* Arctia caja

## Arctiidae - Bärenspinner

### *Arctia caja*

*Arctia caja*, der Braune Bär, ist einer der bekanntesten Bärenspinner (Arctiidae), eine

Arctia caja, *der Braune Bär*

Schmetterlingsfamilie mit rund 8000 Arten. Er ist in Europa, Asien und Nordamerika zu Hause. Die Weibchen legen ihre Eier an verschiedene Pflanzen, z. B. niedrige Sträucher, Brennnessel und Ampfer. Die Raupen sind stark behaart; dieser Tatsache verdankt der Schmetterling seinen Namen. Sie überwintern in einem frühen Stadium. Im Frühjahr verpuppen sie sich in einem Kokon, in den die juckenden Haare der Raupe eingesponnen sind. Die Flügelspannweite des Braunen Bären beträgt 6–7 cm. Trotz ihrer Größe sind die Schmetterlinge unauffällig, solange sie still sitzen. Bei Störung zeigen sie ihre grell roten Hinterflügel. Durch diese leuchtenden Farben, die in starkem Kontrast zu den gefleckten Vorderflügeln stehen, verscheuchen sie

Diacrisia sannio, *der Rotrandbär*

die meisten Feinde. Sie haben keine Mundwerkzeuge und nehmen keine Nahrung auf.

## *Diacrisia sannio*

*Diacrisia sannio*, der Rotrandbär, ist in Europa und Westasien verbreitet. Dieser Bärenspinner fühlt sich in Heidegebieten zu Hause, wo die Wirtspflanzen der Raupen wachsen, darunter verschiedene Ampfer- (*Rumex*) und Wegericharten (*Plantago*). Pro Jahr entwickelt sich eine Generation. Die Schmetterlinge fliegen im Juni und Anfang August. Ende Herbst überwintern die noch nicht ausgewachsenen Raupen. Ende des Frühjahrs ausgewachsen, verpuppen sie sich in einem Kokon, den sie sich am Fuß der Wirtspflanze gesponnen haben. Die männlichen Falter sind tagaktiv, die weiblichen hingegen nachtaktiv.

Euplagia quadripunctaria, *der Russische Bär*

## *Euplagia quadripunctaria*

*Euplagia quadripunctaria*, der Russische Bär, ist von Mitteleuropa bis Mittelasien zu finden. Die Schmetterlinge sind tagaktiv und lieben sonnige Plätze. Pro Jahr entwickelt sich eine Generation. Die Schmetterlinge fliegen im Juli und August. Die Weibchen legen ihre Eier an eine breite Palette von Pflanzen, beispielsweise an Löwenzahn und Wegerich. Der Russische Bär überwintert als kleine Raupe. Die Puppe ruht in einem Kokon in der Laubstreu. Berühmt sind die großen Schwärme, in denen dieser Falter auf der Insel Rhodos auftritt. Das Schmetterlingstal ist zu einer bedeutenden Touristenattraktion geworden.

Rhyparia purpurata, *der Stachelbeerbär*

## *Rhyparia purpurata*

*Rhyparia purpurata*, der Stachelbeer- oder Purpurbär, ist den gemäßigten Regionen Europas und Asiens bis nach China verbreitet. Er schätzt Trockenmoore und sandige Gebiete. Die Weibchen legen ihre Eier an eine Vielzahl niedriger Pflanzen und Sträucher, aber auch an Bäume. Der Stachelbeerbär überwintert als Raupe. Pro Jahr gibt es eine Generation. Die Schmetterlinge sind tagaktiv und fliegen im Juni und Juli.

Spilosoma lubricipeda, *die Weiße Tigermotte*

### *Spilosoma lubricipeda*

*Spilosoma lubricipeda*, die Weiße Tigermotte oder der Minzenbär, hat ein Verbreitungsgebiet, das sich von Nordafrika über Europa bis nach Ostasien erstreckt. Der Schmetterling ist reinweiß mit schwarzen Punkten. Die Weibchen legen ihre Eier an eine Vielzahl niedriger Krautpflanzen, manchmal auch an Bäume. Sie zeigen keine Vorliebe für eine bestimmte Wirtspflanze. Die kleinen Raupen überwintern. Im Frühjahr verpuppen sie sich in einem Kokon, der an einem Blatt der Wirtspflanze befestigt ist. Pro Jahr entwickelt sich eine Generation. Die Weiße Tigermotte fliegt von April bis Juli. Für Vögel ist sie ungenießbar.

Cossus cossus

## Cossidae - Holzbohrer

Cossus cossus, *Raupe*

### *Cossus cossus*

*Cossus cossus*, der Weidenbohrer, ist in Nordafrika, Europa und Asien verbreitet. Man findet die Schmetterlinge in bewaldeten Gebieten und in Obstgärten. Die Wirtspflanzen der Raupen sind breitblättrige Bäume, insbesondere Weiden- und Pappelarten. Die Weibchen legen ihre Eier an Stellen, wo die Baumrinde verletzt ist. Die Raupen leben im Stamm und bohren Gänge ins Holz. Sie wachsen sehr langsam; ihr gesamter Entwicklungsprozess kann zwei bis drei Jahre dauern. Wenn die großen rosafarbenen Raupen voll ausgewachsen sind, verlassen sie den Baum und suchen nach einem Platz in der Erde, um sich dort in einem Kokon zu verpuppen. Die Schmetterlinge fliegen von Mai bis Juli und sind nachtaktiv. Tagsüber ruhen sie an einem Baumstamm und sind dann wegen ihrer Tarnfärbung kaum zu sehen.

### *Zeuzera pyrina*

*Zeuzera pyrina*, der Kastanienbohrer, hat ein besonders ausgedehntes Verbreitungsgebiet, das sich von Nordafrika, Europa und Asien bis nach Nordamerika erstreckt. Die Schmetterlinge sind bei ihrer Wirtspflanze sehr wählerisch. Sie legen ihre Eier an eine Vielzahl breitblättriger Bäume. Die Raupen leben im Stamm und fressen Holz. Sie wachsen so langsam, dass sie gewöhnlich zwei-

Zeuzera pyrina, *der Kastanienbohrer*

mal überwintern. Wenn sie schließlich voll ausgewachsen sind, verpuppen sie sich in einem Kokon, der am Ende eines Ganges im Baumstamm gesponnen wird. Kastanienbohrer fliegen den ganzen Sommer.

## Noctuidae - Eulenfalter

Die Familie der Eulenfalter ist die größte Schmetterlingsfamilie und umfasst mehr als 20000 Arten. Meist handelt es sich um uninteressante, eintönig gefärbte Schmetterlinge, die nachtaktiv sind; einige wenige Arten fliegen auch tagsüber. Die südamerikanische Art *Thysania agrippina* gehört in diese Familie; sie gilt als der weltgrößte Schmetterling. Flügelspannweiten von mehr als 30 cm sind keine Seltenheit. Die anderen Eulenfalter sind viel kleiner.

Xanthia togata

Aneda rivularis

Dichonia aprilina

Catocala fraxini, *das Blaue Ordensband*

## *Catocala fraxini*

*Catocala fraxini*, das Blaue Ordensband, ist von Nord- und Mittelamerika bis Ostasien verbreitet. Die Schmetterlinge leben in Waldgebieten, wo sie Bäume wie Espen, Eichen und Pappeln finden können, an die die Weibchen ihre Eier legen. Die Eier überwintern. Im Frühjahr fressen und wachsen die Raupen, bis sie sich in einem Kokon verpuppen, den sie sich in der Laubstreu spinnen. Die Schmetterlinge fliegen im Juli und August.

## *Catocala nupta*

*Catocala nupta*, das Rote Ordensband, ist in weiten Teilen Europas und Asiens zu Hause. Die Schmetterlinge fliegen in Wäldern, Parks, Gärten und an bewaldeten Flussufern und suchen nach ihren Wirtspflanzen: Weide und Pappel. Die Eier überwintern dort. Wenn die grauen Raupen ausgewachsen sind, verpuppen sie sich in der Laubstreu. Die Schmetterlinge fliegen nachts.

Bena prasinana

Catocala nupta, *das Rote Ordensband*

Catocala nupta

Tagsüber sitzen sie still und verbergen ihre roten Hinterflügel unter den Vorderflügeln. Bei Störung entblößen sie blitzartig ihre leuchtend roten Hinterflügel um Feinde abzuschrecken.

Callistege mi, *die Mi-Eule*

## Callistege mi

*Callistege mi*, die Mi-Eule, ist in Europa und Asien zu Hause. Die Schmetterlinge bevorzugen Sumpfgebiete und Felder am Waldrand. Die Weibchen legen ihre Eier an Klee (*Trifolium*). Pro Jahr entwickelt sich eine Generation. Bevor die Raupen sich verpuppen, spinnen sie zwischen den Grashalmen einen Kokon. Die Puppe überwintert. Die Schmetterlinge fliegen im Mai und Juni. Mi-Eulen sind tagaktiv. Die ungewöhnliche Zeichnung auf den Vorderflügeln ähnelt einem Hexenkopf im Profil.

Phlogophora meticulosa, *die Achateule*

## Phlogophora meticulosa

*Phlogophora meticulosa*, die Achateule, hat ein Verbreitungsgebiet, das sich von Nordafrika über Europa bis nach Westasien erstreckt. Die Weibchen sind bei ihren Wirtspflanzen nicht wählerisch; eine Vielzahl von Krautpflanzen und Sträuchern kommt für sie in Frage. Aus diesem Grund können die Raupen zuweilen beträchtliche Schäden in Gärten anrichten. Sie verpuppen sich in einem Kokon im Boden. Die Achateule hat kein spezifisches Überwinterungsstadium; sowohl die Raupen als auch die Puppen können überwintern. Die Schmetterlinge sind nachtaktiv und besuchen Blüten um Nektar zu saugen.

## Polychrysia moneta

*Polychrysia moneta*, die Münzen-Eule, ist in Europa und Asien in Regionen mit gemäßig-

Polychrisia moneta, *die Münzen-Eule*

tem Klima zu finden. Die Schmetterlinge finden ihre Wirtspflanzen in Parks und Gärten: Rittersporn (*Delphinium*) und Eisenhut (*Aconitum*). Die Münzen-Eule überwintert als noch nicht ausgewachsene Raupe. Voll ausgewachsen, verpuppen sich die Raupen in einem Kokon auf der Wirtspflanze. Pro Jahr entwickeln sich zwei Generationen. Die Schmetterlinge fliegen von Juni bis September. Die Münzen-Eule ist nachtaktiv und besucht Blüten, um Nektar zu saugen.

Thysania agrippina

### *Thysania agrippina*

Das Verbreitungsgebiet von *Thysania agrippina* erstreckt sich von Mittelamerika bis nach Südbrasilien. Dieser Schmetterling ist ein sehr auffälliger Vertreter der Eulenfalter, denn er ist der wohl größte Schmetterling der Welt, auch wenn der Atlasspinner *Attacus atlas imperator* und der Vogelfalter *Ornithoptera alexandrae* mit ihm um diesen Titel wetteifern. Die Flügelspannweite von *Thysania agrippina* kann mehr als 30 cm betragen. Die Wirtspflanzen der Raupen gehören zur Familie Leguminosae. Andere *Thysania*-Arten sehen dieser Art sehr ähnlich, sind aber kleiner als ihre großen Verwandten.

## Lasiocampidae - Glucken

Gastropacha quercifolia, *die Kupferglucke*

### *Gastropacha quercifolia*

*Gastropacha quercifolia*, die Kupferglucke, ist in ganz Europa und Asien verbreitet. Die Schmetterlinge bevorzugen Wald, Obstgärten und Sumpfgebiete, wo beispielsweise Schwarzdorn (*Prunus spinosa*) und Weiden (Salicaceae) wachsen. Die Weibchen legen ihre Eier an diesen Bäumen ab. Die noch nicht ausgewachsenen Raupen überwintern. Wenn die Schmetterlinge still sitzen, ähneln sie einem Bündel trockener Eichenblätter.

### *Lasiocampus quercus*

*Lasiocampus quercus*, der Eichenspinner oder Quittenvogel, ist eine Glucke, die in Nordafrika und Europa vorkommt. Die Schmetterlinge fliegen im Juli und August. Die Weibchen legen ihre Eier an eine Vielzahl von Pflanzen, beispielsweise an Weißdorn (*Crataegus*), Weide (*Salix spec.*) und Heidekraut (*Calluna*). Die kleinen Raupen überwintern. Im folgenden Frühjahr wachsen sie rasch heran und verpuppen sich bald. Wenn es mit dem Wachstum nicht so rasch

Lasiocampus quercus, *der Eichenspinner*

vorangeht, überwintert der Eichenspinner ein zweites Mal. Die Puppe liegt dann in einem Kokon in der Laubstreu und wartet auf den nächsten Sommer. Die Weibchen des Eichenspinners fliegen nur bei Nacht, die Männchen auch tagsüber.

## Lymantriidae - Trägspinner

### *Calliteara pudibunda*

*Calliteara pudibunda*, der Rotschwanz, ist in weiten Teilen Europas und Asiens zu Hause, insbesondere in bewaldeten Gebieten. Die Weibchen legen ihre Eier an Eichen (*Quercus*) und anderen breitblättrigen Bäumen ab. Die gelben behaarten Raupen sind von weißen Haarbüscheln bedeckt. Sie ernähren sich von den Blättern der Bäume, bis sie voll ausgewachsen sind. Dann kriechen sie in Rindenspalten, wo sie einen Kokon spinnen, sich verpuppen und überwintern. Die Schmetterlinge fliegen im Mai.

Calliteara pudibunda

Calliteara pudibunda, *der Rotschwanz*

### *Euproctis similis*

*Euproctis similis*, der Schwan, ist in ganz Europa und Asien zu finden, besonders in Wäldern und Parks. Die Schmetterlinge, die im Juli fliegen, legen Eier in Gruppen an Weißdorn (*Crataegus* sp.) und Schlehdorn (*Prunus* sp.). Bis zum Wintereinbruch ernähren sich die Raupen von den Blättern. Dann fertigt jede ein Gespinst an, in dem sie

Euproctis similis, *der Schwan*

überwintert. Im Frühjahr wachsen die Raupen weiter, bis sie sich in einem Kokon verpuppen, den sie an der Wirtspflanze spinnen.

## Thyatiridae

Habrosyne pyritoides

### *Habrosyne pyritoides*

*Habrosyne pyritoides*, der Achatspinner, ist in Europa und Asien zu Hause. Er ist ein Waldbewohner, der nach Brombeerbüschen sucht, der Wirtspflanze der Raupen. Pro Jahr entwickelt sich eine Generation. Die Puppe überwintert in einem Kokon, die in der Laubstreu verborgen liegt. Die Schmetterlinge fliegen im Juni und Juli. Ein typisches Merkmal der Gattung *Habrosyne* ist die Wellenzeichnung auf den Vorderflügeln.

## Uraniidae - Uraniafalter

Alcides aurora

### *Alcides aurora*

*Alcides aurora* ist auf Neuguinea und einigen weiteren Inseln im Bismarck-Archipel heimisch. Sie gehört zu den elf *Alcides*-Arten, die in Australien vorkommen. Die Schmetterlinge lassen sich mit ihren Verwandten im tropischen Amerika, der Gattung *Urania*, und in Afrika, der Gattung *Chrysiridia*, vergleichen. Diese Nachtschmetterlinge verhalten sich in jeder Hinsicht wie Tagschmetterlinge. Sie zeigen ein ähnliches Flugmuster und sind tagaktiv. Sie sind zudem nicht nur ähnlich bunt wie Tagschmetterlinge gezeichnet, sondern schimmern im Sonnenlicht zudem wunderbar grünlich und blassrosa. *Alcides aurora* hat eine Flügelspannweite von 8 cm.

Alcides zodiaca

## *Alcides zodiaca*

*Alcides zodiaca* ist in Neuguinea und Nordaustralien zu Hause. Rumpf und Flügel des Schmetterlings schimmern in einem wunderschönen Rosa. Die stark gelappten Hinterflügel mit ihren kleinen Schwanzen sind typisch für diese Art. Die Flügelspannweite beträgt 8,5–10 cm. Wie Tagschmetterlinge besuchen diese Uraniafalter tagsüber Blüten, um Nektar zu trinken, und umkreisen in der Abenddämmerung die Baumkronen. Zu den Wirtspflanzen der Raupen gehören mehrere *Omphalea*-Arten (Euphorbiaceae). Diese Pflanzen sind giftig, und wahrscheinlich sind es die bunt gefärbten Falter ebenso.

Chrysiridia riphaeus

## *Chrysiridia riphaeus*

*Chrysiridia riphaeus* kommt nur auf Madagaskar vor. Dieser wunderschön gefärbte und gezeichnete Nachtschmetterling hat eine Flügelspannweite von mehr als 10 cm. Er fliegt tagsüber und besucht gerne Blüten. Man kann die Falter das ganze Jahr hindurch antreffen; in großer Zahl treten sie jedoch nur von Mai bis Juli auf. Die Wirtspflanze ist *Omphalea*, eine Giftpflanze aus der Familie Euphorbiaceae. *Chrysiridia croesus*, der *Chrysiridia riphaeus* sehr ähnlich sieht, ist in Ostafrika zu Hause. Die beiden Arten sind die einzigen Vertreter der Gattung *Chrysiridia*.

Chrysiridia riphaeus

Lyssa patroclus

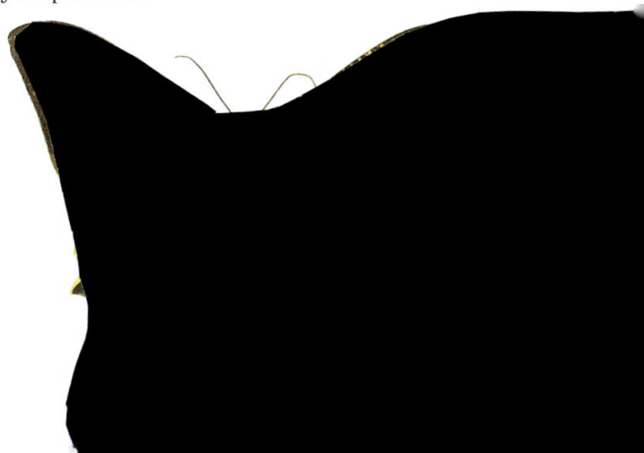

## *Lyssa* [redacted]

*Ly*[redacted]

sind dann völlig unauffällig, weil sie keine bunten Schillerfarben tragen.

Urania sloanus

[redacted]

# Zygaenidae - Widderchen

Adscita statices, *das Grünwidderchen*

## *Adscita statices*

*Adscita statices*, das Grün- oder Grasnelkenwidderchen, ist in Europa weit verbrei- [redacted]

Zygaena trifolii

## *Zygaena filipendulae*

*Zygaena filipendulae*, das Gemeine Blutströpfchen oder Steinbrechwidderchen, ist in ganz Europa und in Westasien verbreitet. Pro Jahr entwickelt sich eine Generation. Die Schmetterlinge fliegen im Juni, Juli und August. Die Wirtspflanze der Raupen ist der Gemeine Hornklee (*Lotus corniculatus*). Die Raupen überwintern. Im folgenden Frühjahr, wenn sie voll ausgewachsen sind, verpuppen sie sich in einem länglichen Kokon an einem Pflanzenstängel. Die Schmetterlinge und Raupen des Blutströpfchens enthalten giftige Blausäureverbindungen, die sie für Vögel ungenießbar machen.

Zygaena trifolii

## *Zygaena trifolii*

*Zygaena trifolii*, das Kleewidderchen oder Feuchtwiesen-Blutströpfchen, ist in Nordafrika, Europa und Westasien verbreitet. Die Wirtspflanzen der Raupen sind verschiedene Hornkleearten (*Lotus* sp.). Die Raupen überwintern und verpuppen sich im folgenden Frühjahr, wenn sie voll ausgewachsen sind, in einem Kokon, der an einem Pflanzenstängel befestigt ist. Die Falter sehen Gemeinen Blutströpfchen sehr ähnlich. Wie diese Art enthalten sie ebenfalls giftige Blausäureverbindungen und sind daher für Vögel ungenießbar.

# Register der lateinischen Namen

# Register der deutschen Trivialnamen